日本造园心得

基础知识·规划·管理·整修

枡野俊明〔日〕著
康恒 译
周静敏 校

中国建筑工业出版社

著作权合同登记图字：01－2012－8805号

图书在版编目（CIP）数据

日本造园心得　基础知识·规划·管理·整修／（日）枡野俊明著；康恒译．—北京：中国建筑工业出版社，2014.3（2024.2重印）

ISBN 978-7-112-17094-4

Ⅰ.①日…　Ⅱ.①枡…　②康…　Ⅲ.①造园学—日本　Ⅳ.①TU986.631.3

中国版本图书馆CIP数据核字（2014）第152240号

原 书 名：日本庭園の心得—基礎知識から計画・管理・改修まで—
原书作者：枡野俊明
原书发行：財団法人　国際花と緑の博覧会記念協会
本书由作者枡野俊明授权我社独家翻译出版发行。

责任编辑：徐　纺　徐明怡　刘文昕
责任设计：陈　旭
责任校对：李美娜　关　健

日本造园心得
基础知识·规划·管理·整修
［日］枡野俊明　著
康　恒　译
周静敏　校
*
中国建筑工业出版社出版、发行（北京西郊百万庄）
各地新华书店、建筑书店经销
北京锋尚制版有限公司制版
临西县阅读时光印刷有限公司印刷
*
开本：880×1230毫米　1/32　印张：11¼　字数：380千字
2014年11月第一版　2024年2月第十次印刷
定价：78.00元
ISBN 978-7-112-17094-4
（25239）

序

财团法人 国际花与绿博览会纪念协会是纪念1990年在日本大阪市鹤见绿地举办的国际花与绿博览会（The International Garden and Greenery Exposition）及继承发展“自然与人共生”理念而设立的机构。

本协会触及多个领域。其中随着“有关花与绿文化及国际绿化活动、交流”的开展，几处在欧洲的日本庭园得到了修复。

与此同时，本协会对海外的日本庭园实际状态进行了调查，并收集了诸多资料。由此了解到世界各地的庭园管理人员对于日本庭园自古延续的传统造园技术及管理技术难以掌握，也没有正确的学习的方法。他们希望有一本专业且详细记载日本庭园制作管理的书籍，能用来借鉴。

《日本造园心得》一书的出版正是为了让世界各国造园相关人员及日本庭园爱好者能更具体地了解日本庭园。

请理解我们发行的宗旨，若这本书能为世界各地的日本庭园修复、管理、制作等起到少许帮助，我们将不胜欣慰。

财团法人　国际花与绿博览会纪念协会

理事长　丰藏 一

前言

平日里我们所欣赏的日本庭园，在庭园的设计、现场施工及庭园的维护管理上常被认为非常不易。与城市景观设计相比，日本庭园的确有其独特之处。在制作日本庭园之前，首先必须了解日本庭园历史并研究其传统美学思想、文化，在此基础上养成审美意识。然后，为了制作出现实空间，则需要掌握正确的制作技术。但这些并不是书本上看过记住就行的，最为重要的是身体力行实际操作。随着技术的掌握与经验的累积，庭园制作中所用的石头、树木等材料便能得心应手地使用。自古，制作日本庭园的人们都需通过不断的学习与实践，在继承传统技法与精神的基础上，随着时代而发展。在技术熟练且工法精巧的前提下，才能孕育出包含着造园者世界观的庭园空间。为了能在日本庭园中表现出美学意识与世界观，造园者在技术、知识等方面都会有自己的心得体会，而造园者无论在造园这条路上走了多久，其庭园作品都会表现出他的人格、教养、品位等，所以庭园制作中无论哪个环节都不能马虎草率。正因如此，以日本传统文化思想为基础，真正意义上的日本庭园制作确实不易。

近年来，随着国际化文化传播的发展，日本庭园不仅限于日本国内，海外也逐渐开始建造。日本庭园作为日本传统艺术代表之一受到了海内外高度的好评，造园相关人员更是不胜欢喜。日本庭园流传至今其拥有着千年以上的历史。庭园最初用以祭拜神灵作为仪式的场所，后随时代变迁各种阶级人群的不同使用，庭园样式也出现了很大的改变。各时期的庭园内容、规模、形式都有差异，但都被称为日本庭园。其原因是在这同一片历史的土壤中，孕育出的美学意识影响了庭园的制作，日本庭园亦是日本美学文化的空间表现形式。构成日本庭园美学的基础中，文化的精神思想占到很重要的地位。这些精神思想在庭园的空间载体中衍生出空间张力、闲寂、古雅、幽玄、潇洒等日本特有的气韵。这些气韵不仅限于庭园，在建筑、花道、舞蹈、书画等诸多艺术门类中都有运用。在日本的艺术表现中，与实际看得到的物体相比，更注重氛围气韵的表现。

本书是一本归纳了日本庭园相关知识的入门书，面向对日本庭园感兴趣且有着学习意愿或已经拥有日本庭园，开始着手维护管理园林而犯愁的人们。内容方面在庭园设计方面略作概述之外，从庭园历史、庭园构成要素、制作方法、维护管理到各种使用道具等全面地介绍了日本庭园的各种基础知识。其次，随着日本庭园在海外建造日益增多，庭园的树木修剪，维护管理等方面给当地人员带来不少麻烦。另一方面，海外新计划建造的日本庭园的事例也逐渐增多。本书也列举了海外日本庭园制作、改修、施工等注意要点。日本庭园无论在世界任何地方都不会改变其主要的精神思想。

本书不仅是日本庭园设计、施工、维护管理等技术人员的参考用书。如果能通过本书让世界各地的人们对日本庭园产生兴趣，并能更多地了解日本传统美学思想的话，便是莫大的荣幸。

对于本书的出版，财团法人国际花与绿博览会纪念协会提供了诸多帮助。

在本书的制作中由衷地感谢：京都植藤造园的佐野晋一先生、石造美术制作的传统工艺师西村金造、西村大造先生，还有每日新闻社的福田正则先生。

本书在编写过程中参考了诸多文献资料，在书的最后一一记载了这些文献。

合掌

枡野俊明

2003年3月

目录

第1章

日本庭园

日本庭园

●日本自然风景——湖

自然景色。日本庭园制作中作为参考的实际空间。(十和田湖/青森·秋田县)

●日本庭园风景——沙洲

池泉流畅缓和的沙洲。从自然中学习悠然曲线之美。(毛越寺庭园/岩手县)

●日本自然风景——瀑布

观察自然中真实瀑布的石组、水流流向、周围植物、地形等，在理解自然风景构成的基础上，创作庭园中的景色。（龙头瀑布／栃木县）

●日本庭园风景——瀑布

理解自然风景中白练飞流的气势，再现于庭园之中。（鹿苑寺金阁庭园／京都府）

1 与自然融为一体的自然风景式庭园

日本的自然风景高低起伏，地形变化丰富，随处可见美丽的山、田、林、湖、海等景色。日本的建筑、庭园发展与自然风景有着深远的关系，它们的建造并非可以自由使用宽敞平缓的土地，而是在如何有效地利用有限的面积及起伏的地形上下功夫，从而发展形成。与此同时，为了能在建筑内观赏室外的美丽风景，建筑物的朝向、室内的布局等关系逐渐紧密。其正是自古日本的建筑配置不是左右对称的重要原因之一。

庭园即是如此，借用周围的景色、地形的特性，融入周围环境从而构成完整的庭园。此外，采用自然风景作为庭园构成的重要要素，创建人类与自然共存的空间是日本庭园的主旨。在日本最早的造园书《作庭记》中就有提及石头摆放方法需“想象自然山水的姿态”“表现各国各地自然名胜”等对于自然摹写的记载。

因为这样日本庭园被称之为自然风景式庭园，同时也可以认为日本庭园是一种融入周围景色的设计。此外，树木作为庭园内景观的重要部分，需精心修剪，而与周围环境相连的部分，可渐渐地以融于周边自然的手法维修。既而使得庭园与周围环境取得良好的平衡，同周围环境融为一体。日本庭园有着与自然风景不可分割的密切关系。

●四季变化

随着季节变化，日本庭园展现出不同的风情。（蔓殊院庭园／京都府）

●光的变化

庭园在阳光不时的变化下姿态各异（西芳寺庭园／京都府）

●植物的变化

以植物作为景观中心的庭园，定时需要对植物进行特殊的修剪。（诗仙堂庭园／京都府）

2 日本庭园是富有生命的造型艺术

建筑与庭园有着很大差别。建筑是为了人类生活所需建造的设施，以功能性为主。建筑竣工后，建筑物随时间渐渐老化。与之相比，庭园的性质却完全不同。制作庭园的元素都富有生命且不断生长改变姿态。庭园的竣工并不能代表庭园真正意义上的完成。在日常对庭园的精心维护打理与延续造园者设计意图的情况下，庭园的姿态会渐渐成长。不同的岁月、季节、时间，庭园的美都能打动人们心灵，其主要原因正是庭园是一种具有生命的造型艺术。

庭园既没有屋檐，也没有围墙，在风、雨、光、影、水的自然条件下景色随之变化并且有着各个季节不同的形态。轻风微微，鸟虫啾唧，细水潺潺，在这些自然元素的点缀下，庭园已超越了设计者赋予的原本意义，从而与大自然融为一体。增加了这样的自然“调味料”，并作为空间的被塑造体，庭园由人与自然共同生活的场所，转化为艺术人文的空间。

植物为主的庭园其形态较易改变，而以石组为主的庭园可以长年保持原有造型传于后世。由此，以石组为主的庭园延续了造园者设计意图并体现了当时造园的技术。但是，为了不让树木失去自然的美丽，且保持原有树种不让其他树种侵占，保存庭园

●潇洒

潇洒的庭园。无需增加点缀，简朴且有独特气息。（三千院庭园／京都府）

●幽玄

幽玄的庭园。草木间雾气缭绕，私隐若现。（西芳寺庭园／京都府）

●恬静

恬静的空间。不需华美装饰，追求返璞归真。（光悦寺大虚庵／京都府）

原本景观，祖先们拥有着独特有效的庭园维护打理的方法与技巧。日本庭园在拥有自然生命、经历时代变迁、季节转换和树木维护的人类技术呵护下，成了综合性的空间造型艺术。

3 氛围的营造

制作日本庭园除了地形规划、景石摆放、植物布局外，还有石块铺地，石灯笼等石造美术品的点缀，从而构成庭园形式。根据庭园空间制作出场地氛围比其造型更显重要。日本的文化中有一些无形的美：潇洒、幽玄、恬静、闲寂等，它们并非具象物体能用双眼看到，而是需要用身心去感受。比如种植寒山竹（唐竹）、四方竹等清淡趣味的植物，下方再铺上白川沙，仅此就会给人带来脱俗潇洒的氛围。其次，作为景观中心的瀑布、景石、塔等被树枝或树叶遮挡，轻风拂过，若隐若现，产生出幽玄之美。这样在看不到的部分给予想象空间，产生新的魅力。幽玄的价值观不仅仅局限于庭园，在能乐、诗句、和歌及日本的美术思想上都占有重要地位。在茶室庭园空间里，当你抬起头，透过树枝间仅有的缝隙看着天空，时而树影婆娑，时而光洒小道，这恬静的氛围使我们感受到庭园的风雅。类似这样的空间表现手法在日本庭园中很常见。日本庭园是凝聚了

●观赏性庭园

表现禅宗思想，以沙粒与石头构成日本特有庭园——禅庭（龙安寺庭园／京都府）

●观赏性庭园

由室内观看庭园景色。注重窗形设计。（龙安寺 火灯窗／京都府）

日本文化的综合性空间造型艺术，营造空间氛围则是日本庭园中心环节。

4 观赏性庭园、使用性庭园

日本庭园可分为两类。一种是“观赏性庭园”，一种是“使用性庭园”。“观赏性庭园”是从镰仓时代末期至室町时代期间，由禅宗寺院所建造，并随禅宗寺院发展及推广。如大仙院、龙安寺等石庭都是其代表庭园。在这里，根据石头、植物的摆放，用立体造型的表现营造出与通常自然界完全不同的空间，仿佛来到了另一个世界，即禅宗所说的“开悟境界”。这样的庭园基本上都是从建筑物内观赏庭园，不能走进庭园内观赏。在这种情况下，建筑物的屋檐、回廊、柱子都成了取景重要的组成部分。

“使用性庭园”的代表形式是池泉回游式庭园，人们可以进入庭园边走边观赏。在庭园中漫步，时而深壑幽谷，时而平坦开阔，望池中岛屿、木桥，听深山瀑布、流水。其代表庭园有桂离宫、修学院等。

池泉回游式庭园中，建筑物是庭园构成元素的一部分。从什么位置上看建筑能让建筑看上去更漂亮，又在什么位置上看能让景色变化看上去更自然，在考虑这些问题的同时，也决定了建筑的位置、朝向等。此外，日本的茶室庭园也是属于“使用性庭园”。来客进入建筑物前，先得使用

●使用性庭园

作为建筑设施的同时也是回游式庭园景色的一部分。（桂离宫庭园／京都府）

●使用性庭园

通向茶屋的阶梯。在较大面积回游式庭园的游玩中，建筑物（茶屋等）作为途中休息场所的设施。（桂离宫庭园／京都府）

石制洗手盆，身心清净后才可入内。

“观赏性庭园”与“使用性庭园”其总称为日本庭园。

5 注重“留白”的日本美学

说到日本美学，包括日本庭园在内，不得不提到“留白”。但因为它没有具体形态，所以很难解释明白。在现代化迅速发展的今天，在日本人中也已经没有多少人能真正理解“留白”了。能乐、和歌、俳句、花道、书画、建筑、庭园等这些空间造型、艺术表现上都不能缺少的“留白”是来自于禅宗思想。禅宗的心身清静不是通过语言文字来传达，而是通过沉默不动的静坐来体现，这种体现方式对于日本的艺术发展起了很大的影响。在能乐表演中演员形体动与动之间会有短暂的停顿（不动），称为“间”。书画，空间造型上也都会出现这种“不动”的地方，而这之后给人带来了一种“余韵”的感受。比如在空间造型的作品里，物体与物体之间的距离会产生某种关系。这股看不到的张力，给人带来物体间的关联性。“留白”的概念，并不能用数学公式来表达，它是通过作者多年对美学研究探求所得到的成果。

●坐禅

与枯山水一样，修行也是在寻找静。（大本山总持寺／神奈川县）

●留白之美

日本艺术文化中的一种美学思想。（龙源寺庭园／京都府）

●留白之美

相当面积的白沙在此庭园构成中起了重要作用。

第2章

历史、样式

历史、样式

1　寝殿造庭园、净土式庭园

所谓寝殿造庭园是在平安时代，贵族宅第内伴随寝殿而建造的庭园。贵族宅第用地一町四方（四周各约120m成正方形）。建筑物建造在宅第用地北侧，建筑物的南侧则用作建造庭园。在建筑物前铺上土或砂砾用于建造庭园，再往前则是水池（南池），池中置有中岛，有的架设桥梁连接。水池周边用石组或卵石围起，一般背后还筑有假山，其上栽植树木。寝殿两侧引水成溪，流入池中。水池中浮有小舟，作为庭园内礼乐场地使用。寝殿是朝臣工作起居的地方，相对的庭园则是享受风雅及举办喜庆仪式的场所。

这个时期的建筑物体量规模较

●寝殿造的建筑物和外部的关系

寝殿造的建筑物。一打开蔀戸，从室内就可以看到庭园全景。（京都御所小御所／京都府）

大，内部不做墙体隔断也没有天花板装饰，只是一个宽敞的室内空间。由建筑物开口部的蔀戸[①]与地板构成了上下取景的方式，可观赏庭园全景。可惜的是因年代久远，现存古时建造的寝殿造庭园一个也没能保留下来。

另一方面，净土式庭园则是受到始于平安时代后期的末法思想的影响，贵族们在自己的寝殿造庭园内建造阿弥陀堂，之后用其捐赠给寺院。净土式庭园的由来就是希望在现实生活中再现死后极乐净土的世界。因此，净土式庭园可以说是贵族们为了心灵上的寄托而建造的庭园。庭园用地的西侧建造阿弥陀堂，阿弥陀堂正面朝东，中央建造水池意味着大海。从阿弥陀堂的对岸即东侧一岸（称作此岸）朝拜彼岸的西方极乐净土。随着当时人们越来越希望能接近彼岸，参拜位置就开始逐渐由河岸边挪到更接近彼岸的水池中央。净土式庭园虽然建筑物上发生了改变，由寝殿改成了阿弥陀堂，但在庭园的构成上，和寝殿造庭园相比几乎没有变化。

●净土式庭园

想象描绘极乐净土的净土式庭园。从三重塔前眺望九体阿弥陀堂。池岛中岛位于比阿弥陀堂和三重塔的中心线更偏向南侧的位置，在净土式庭园中较少见。（净琉璃寺庭园／京都府）

●净土式庭园

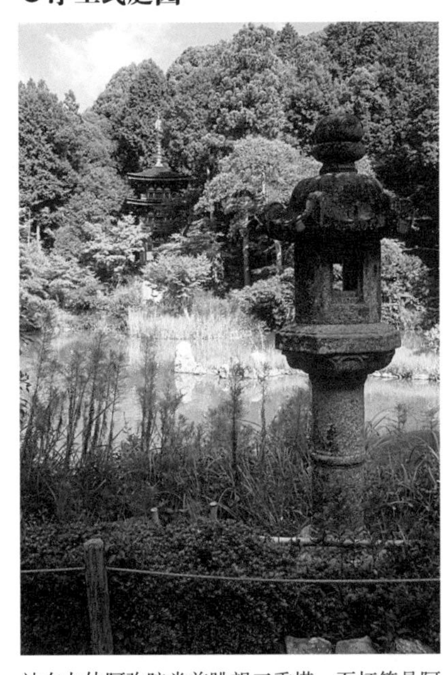

站在九体阿弥陀堂前眺望三重塔。石灯笼是阿弥陀堂正面献灯时用的灯笼。（净琉璃寺庭园／京都府）

① 蔀戸：格棂上悬窗，用于寝殿式建筑。板门两面或一面有方格，多由上下两块构成。（译注）

平等院庭园

所在地　京都府宇治市宇治莲花 116
建成年代　平安时代（国家指定史迹名胜 收费开放）
面积　20714m²
样式　净土式

从阿字池东南岸眺望凤凰堂。

平等院形石灯笼。向堂内阿弥陀佛献灯的古老式样一直传到今天。

从池泉南岸远眺凤凰堂，从对岸也能通过窗看到凤凰堂阿弥陀佛的面容。以前，凤凰堂前面的池驳岸有石组，由于想要恢复原本形态，近年在河岸进行了修改。

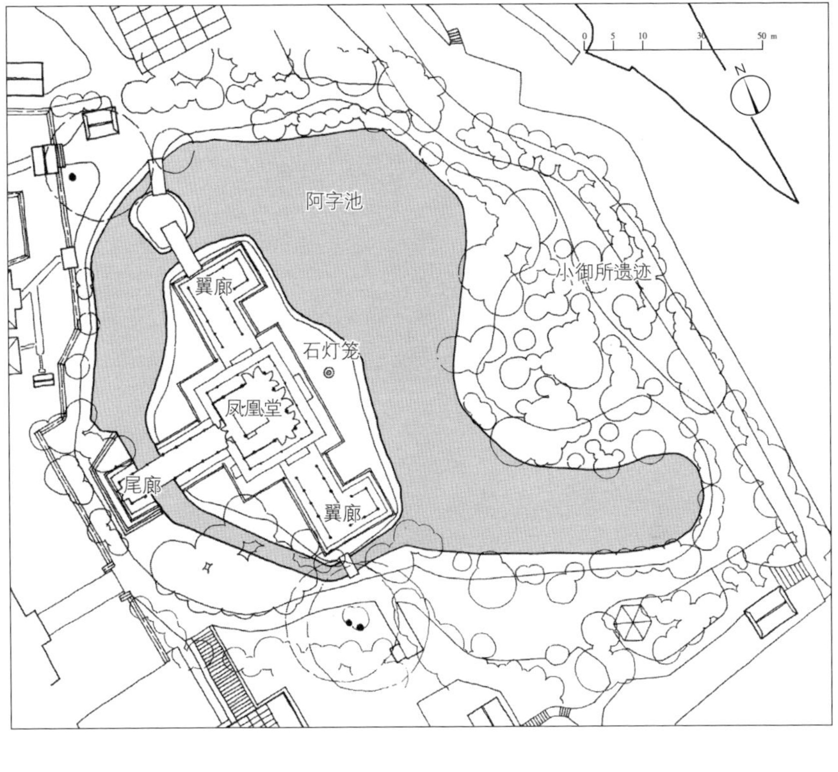

沿革：在永承7年（1052）由藤原赖通创建。这一年正好是末法传来的第一年。释尊入灭后的一千年，只要听从教诲进行修行的话就能得到顿悟，称为“正法的时代”。下一个千年为“末法的时代”，很难得到顿悟，据说会随着天变地异进入混乱黑暗的世界中。平等院正是作为与末法相反的世界也就是阿弥陀净土的世界而被建造的。在阿弥陀净土中，被相信是清静无垢永远的极乐净土。天皇和贵族竞相营造堂塔，供奉阿弥陀如来。

鉴赏（特色）：凤凰堂在称为阿字池的池泉的大中岛上有翼廊和尾廊，就像是凤凰展翅一样。其前面有一盏灯笼，此外配上宽阔的池泉，可以看到华丽的建筑物倒映在池面。池泉中有从对岸面向凤凰堂突出的大型出岛。可以从这个地方面向对岸参拜凤凰堂的阿弥陀佛。

北侧的翼廊和桥。

从阿字池北岸看出去的全景。凤凰堂浮在池泉西边的大中岛上。

弯向凤凰堂背后的池泉。

阿字池东南侧的景色。

毛越寺庭园

所在地 岩手县西盘井郡平泉大泽 58

建成年代 平安时代（国家指定特殊史迹名胜 收费开放）

面积 145610m²

样式 净土式

大池泉全景。倾斜站立的岩岛被认为是须弥山石组。

模仿滩涂的沙洲。刻画柔和曲线的沙洲和入江，表现出海岸线沙洲的优美感，与池的西南角的假山形成对照的景色。

沙洲。中央的石组是从遣水处向池泉注水的小瀑布石组。

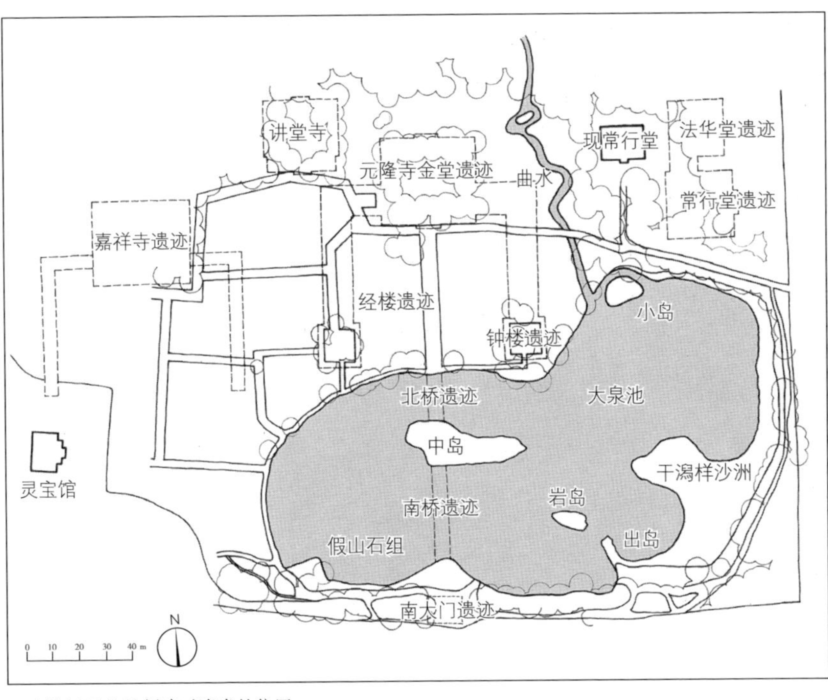

※虚线标示的是创建时诸堂的位置。

沿革：平泉是奥州藤原氏在平安末期百年间所筑的都城。毛越寺是藤原基衡在圆隆寺遗址上营造的。建造目的，一是抚慰因长时期战乱而死亡的人们的灵魂，将他们引向净土。二是建立寺院，通过佛教来使国家进步，消除被称为虾夷之类的侮辱。三是通过佛教来为这个国家带来和平和安宁。毛越寺在大治元年（1126）焚毁，只有池泉庭园留下了，近年整修再现了造园当时的样子。

鉴赏（特色）：作为包含堂塔和庭园的整体，将净土曼荼罗（净土的世界）立体化展现于地上。造园当时的庭园，在从中岛到南岸和北岸的一条直线上，架设了将人们引往净土的桥梁。这座桥的南边是南大门，北边是圆隆寺金堂。金堂东西环绕着回廊，其两端有钟楼和鼓楼。东回廊遗址的东侧有长度约为70m的曲水流淌，形成小瀑布注入池泉。池泉为积蓄功德的七宝池。池泉的东岸有一大片仿效滩涂的沙洲，东南部有强有力石组构成的出岛，从其顶端再向前一定距离就是展现非常强有力姿态的倾斜立石做成的岩岛。当时的人们在这座水池乘着小舟，演奏管弦，沉浸于进入净土的境地。

假山的荒矶风石组。

出岛和岩岛。出岛表现荒矶的趣味，岩岛是以约为2.5m的立石为中心的石组。

曲水。为了将山水引入水池而修造的水路。在这里举行曲水宴（古代由朝廷举办的年中行事之一）。

遣水通过小瀑布注入池泉。

2 枯山水

枯山水是从镰仓时代至室町时代通过禅宗思想的发展形成的庭园样式。平安时代后期，日本最早的造园书籍《作庭记》中有写道："无池无溪处立石，称枯山水"。随着禅宗思想的传播，这个时期精神文化指导者从贵族转变成了禅僧，禅宗文化日益昌盛，同时以贵族为中心的庭园形态也发生了转变。至此禅僧们也开始制作庭园，在庭园面积受到局限的情况下，形态以石组为中心，单纯化、象征化、抽象化成为庭园的主题。其表现内容则是禅僧以当下自己修行的境界置换为具体的形态，是一种精神代表性的庭园形式。所谓"求道庭园"、"顿悟庭园"就是禅僧们制作庭园的过程或从中得到的结果。后来将这样的禅宗石庭称为枯山水，将造庭的禅僧称为"石立僧"。最初禅僧在禅寺里制作枯山水庭园作为自我表现

●中世纪的建筑物和外部空间的关系

从室内观看庭园时，拉门成为取景的画框。（青莲院／京都府）

的一种方式，但不久就传到了寺院以外，得到了推广。

禅是13世纪由中国传入日本，其目的是“寻找原本的自我”。禅被认为是一种人类生存的基本哲学。禅本身并没有形状，肉眼也无法看到，而禅僧们通过对禅的认识将自己的心境象征化，置换成某种形态来表现自己。虽然表现手法多样，如用水墨画、书法、庭园等，但其表现的根源则是不变的。

另一方面建筑简约化，室内出现墙壁、榻榻米和天花板等，是日本建筑史上的重要变革时期。在这个时期，向上打开的蔀戸被代替，出现了左右拉开的舞良户①，从室内远眺庭园时，给景色加上了方框。此外，由于建筑物的改变，在确保舞良户框中景色的情况下，庭园的规模也随之变小。这个时期的庭园，是以人们从方丈或书院内远眺为前提的“观赏性庭园”。

●枯山水

书院南庭。白砂中7个小石以一直线置放。（东海庵庭园／京都府）

●枯山水

阿吽石庭。在有限的空间里让人感受到无限的宽广。（龙源寺庭园／京都府）

① 舞良户：日本式建筑中的一种拉门（窗），在窗框中间镶板（棉板），在板上装水平格德窗棂子。（译注）

西芳寺庭园

所在地 京都市西京区松尾神谷 56-1
建成年代 镰仓时代（国家指定特殊史迹名胜 收费开放、申请制）
面积 16880m^2
样式 枯山水、池泉庭园

青苔覆盖了整个庭园。别名“苔寺”，此处的青苔由江户时代末期开始生长至今。

从黄金池眺望潭北亭。

枯山水的须弥山石组。所谓须弥山，是指佛教世界中心耸立的高山。

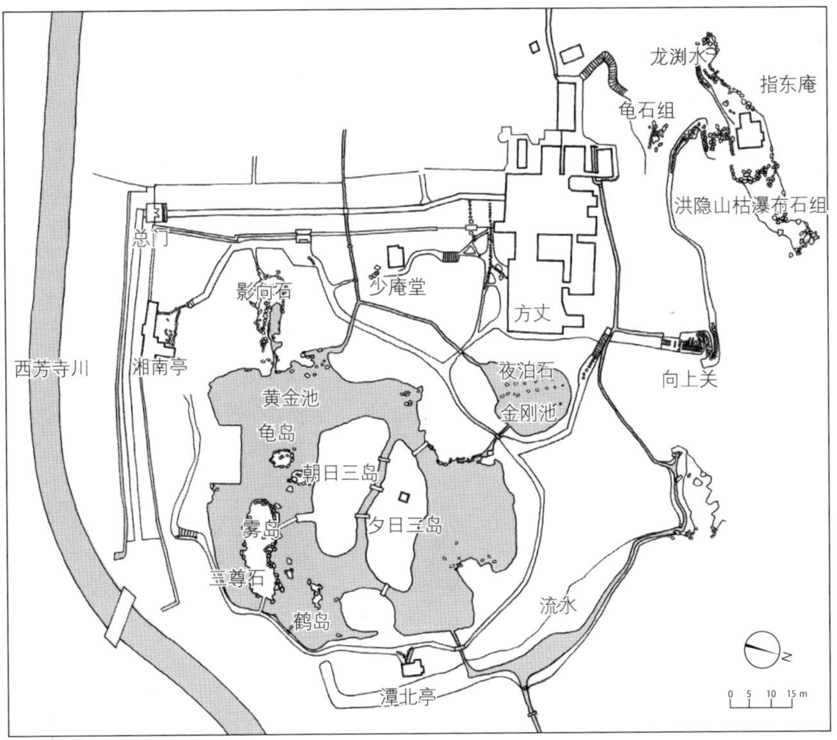

沿革：此地是作为圣德太子的别墅用地在飞鸟时代开辟的，在后来的奈良时代行基菩萨以此作为寺院进行改建。建长元年（1249）仲原师员修复荒废的寺庙，建立西芳寺和秽土寺，邀请法然上人作为五兴的开山。池泉庭作为净土式庭园也是在那个时期建造的。随后的历应2年（1339）邀请梦窗大师，将西方寺从净土宗改为禅宗，改名称为"西芳寺"，重整伽蓝①，改造池泉庭。国师当时已有64岁。

鉴赏（特色）：西芳寺也称作苔寺，庭园一面覆盖着120余种青苔的美景为人所熟悉。庭园有平底部的池泉庭和山畔上的枯山水两段结构。池泉庭是师员的时代筑造的净土式庭园的部分残留，山畔上是秽土寺的遗迹，国师将这些都改造了。庭园内的各处景色都颇下了功夫，成为舟游、回游乐趣都很多的池泉庭。从向上关一直到山的庭园，与下面的池泉庭具有完全不同的旨趣。枯瀑布石组是国师禅观的境地，据说用的是指东庵上面的山中古坟的石头。西芳寺在土地规划、石组、建筑上都成为后来日本庭园的典范。

① 伽蓝：梵文音译"僧加蓝摩"的略语，音译为僧园、精舍，僧人居住修行的场所。（译注）

枯山水石组。朝向指东庵禅室所制作的枯瀑布石组。

黄金池和岩岛。黄金池的名称是净土式庭园地名的残留。

雾岛。驳岸石组拥有优美景色的地方很多。

湘南亭。据说是千利休的儿子少庵所建的茶室。

龙安寺方丈庭园

所在地　京都市左京区龙安寺御陵下町 13
建成年代　室町时代（国家指定特殊名胜 收费开放）
面积　333m^2
样式　枯山水

石庭全景。由5组石组构成。

土围墙最近的石头上刻着铭文。可以看出小太郎、清二郎（或是彦次郎）。是不是可以推测是造庭者的名字，但是关于这座庭园的作者，有很多说法，也不是十分确定。

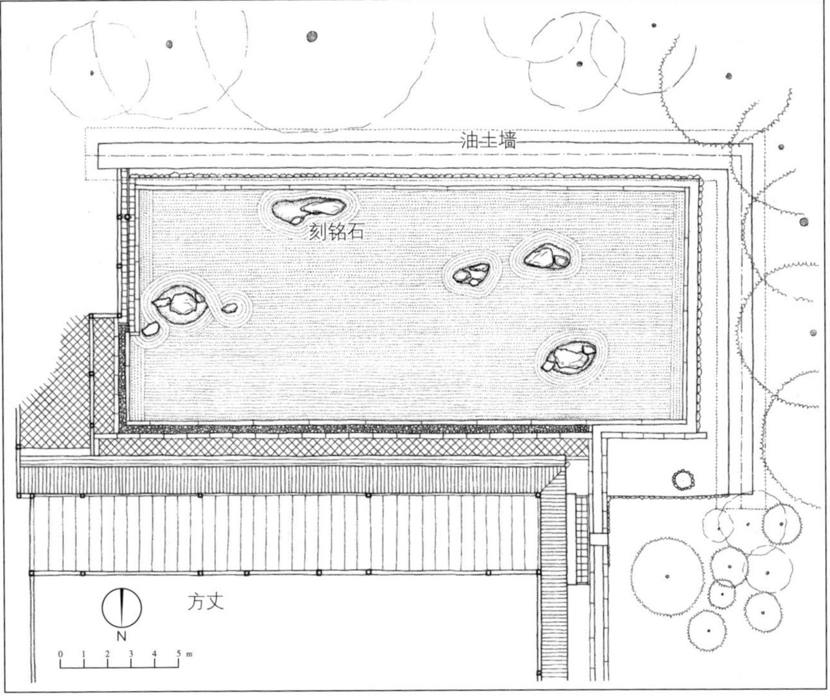

沿革：龙安寺是宝德2年（1450），细川胜元继承德大寺公有所有的德大寺而创建的。文明4年，由于战火焚毁。被胜元的儿子政元一时搬到洛中，长享2年（1488）又搬回了现在的所在地。其后，明应6年（1497）胜元的儿子、政元的母亲（胜元的妻子）等相继亡故，政元在后年母亲的三回忌时改建为方丈。这时可以说是被筑造为石庭。宽政9年（1797）由于塔堂消失，移筑塔头西源院的方丈。虽然变更了地基高度和唐门的位置，但石组基本上还是保持了原来的形态。

鉴赏（特色）：这座庭园约为23m×9m，周围围绕着筑地围墙（油土围墙），其中仅铺设白砂设置15块石头。关于作者有很多种说法，并未十分确定。丰臣秀吉曾在龙安寺举办过赏花宴。那棵枝垂樱的树干砍伐痕迹到现在还残留着。江户时期前，庭园内樱花树被作为主要观赏物，石头则不被人关注。此后，樱花树的枯萎却让日本人体会到了只剩下石头的庭园也有着其独特的美，或许这才是庭园真正的姿态。

从西侧看到的石庭。

从东侧看到的石庭。油土围墙的屋顶在昭和53年（1978）由瓦垄改为柿葺[①]。

① 柿葺：由2mm厚度的木板制作的屋顶。（译注）

设于中央的石组。可以感受到石组里安静的动感。

东部的石组。是本庭最大的石组，发挥庭园主体的主石的作用。此外，也承担传出远近感的重要作用。

从中央到西部的石组。让人联想到漂浮在大海上的岛屿。

大仙院庭园

所在地 京都市北区紫野大德寺町 54
建成年代 室町时代（国家指定特殊史迹名胜 收费开放）
面积 $833m^2$
样式 枯山水

枯瀑布石组和鹤石组。以在深山幽谷的大自然修行为理想的禅观之境。

枯瀑布跟前架设的石桥。就像意欲踏入大自然一样横渡的桥。直至石头的合端都十分细心注意。

加亭桥和舟石。舟石是开向蓬莱岛的宝船。

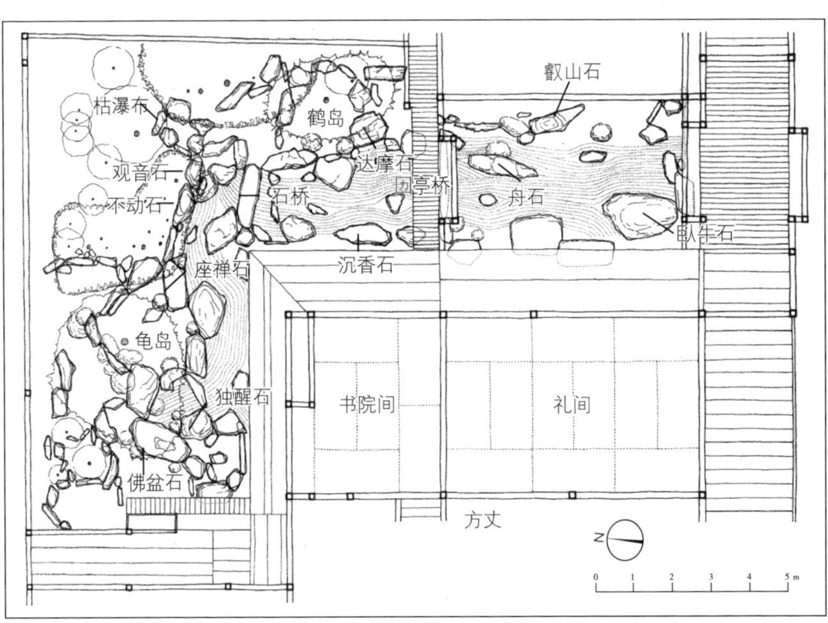

沿革：永正6年（1509）古岳宗亘禅师成为大德寺第七十六世住持，在大德寺方丈北侧创建了大仙院。永正10年方丈完工。庭园是在这之后由宗亘自己指挥建造的。据说在三渊家也有过像阿弥作庭的庭园，同一处的石组被移走了。

鉴赏（特色）：巧妙利用远近法，就像看到山水画画面一般。白砂和石组表现出静寂本身的禅的境地。约30坪（1坪=3.3m^2）的小空间中央落下瀑布，强有力的水流再次分为几段瀑布流下谷地。水流由中流变为大河，悠悠地流淌。有鹤石组、龟石组和瀑布石组等石组，组合的手法各异，被认为是后来改造过的。在有限的空间当中，由枯山水来表现大自然的丰富的手法，成为后世日本庭园的规范之一。庭园表现禅的哲学，有石组的庭园为现实世界的“色”，无石的庭园为悟的世界“空”。色空一体，就是这个世界。悟，就是认识到这个世界上什么是永恒不变的重要事物，色与空的关系是无法分离的表里一体的。

枯瀑布石组。从深山落下的险峻瀑布的水流。

沉香石。设置为与岸边一样的高度，强化建筑物内外的联系。

北侧的石组。从枯瀑布石组夹着书院生成向着两个方向的水流。

大仙院中庭。茶花树在空间上承担着重要的作用。

3　武家书院造庭园

进入武家社会的时代后，建筑物的各个房间开始形成上座、下座的规格和排序。离建筑物出入口近的房间为下级的房间，越往里面走规格变得越高。即使在一个房间里，根据坐的地方也分为上座、下座。庭园也随建筑物使用方法和所占位置的变化而变化。此前是在一间房间内欣赏整个庭园，而在这个时期因建筑物等级化的出现,庭园的观赏方式也发生了变化。即使在一个房间中，庭园的观赏角度也有不同，如上座看出去的景色被认为是最美的。在上座，设有地板（当时称为押板）、附书院等，这种样式被称为书院造。另外，随着时代发展建筑物的配置变为雁行，书院建筑也开始变得大规模化，但这时期的庭园还不能进入游玩，而是在各个房间

●武家书院造庭园

作为足立义政的山庄建造，义政死后作为禅寺。（慈照寺银阁　东求堂／京都府）

或者在走廊移动时眺望欣赏。

武家社会的上下关系也影响到了庭园的内容。从象征自然景色和禅精神的庭园转变象征武士的权威和荣华的庭园。此外还使用棕榈和苏铁等在当时为珍稀品种的草木。这些都由下级武士献上，这使得庭园的氛围也逐渐变得奢华。

再往后进入江户时代，建筑上发生重大变化。雨户[①]登场。此前在宽走廊内侧有舞良户，通过舞良户取景但不连续。但宽走廊的外侧有了雨户（边上有槽，能够完全收纳移窗）全部关起后宽走廊就变成室内，相反雨户全部打开就像蔀户一样是完全开放的空间。由于可以看到庭园全景，设计也相应改变，逐渐形成了开放式的庭园结构。此外，这个时代的庭园，虽然仍是观赏性庭园，但正向着使用性庭园过渡。

●作为权力象征的庭园

由德川家康指导、小堀远州指挥建造的庭园。（二条城二之丸庭园 / 京都府）

① 雨户：木板套窗，边上有槽，能够完全收纳多窗。（译注）

二条城二之丸庭园

所在地 京都市中京区二条通堀川西入

建成年代 桃山时代（国家指定特殊名胜 收费开放）

面积 4450m^2

样式 武家书院造庭园

池泉庭全景。

注入池泉庭的瀑布石组。左右前的苏铁，在当时很少见，人们喜爱种植。

东侧的池驳岸石组。在设置前要考虑到石组是从四方被人观赏的。

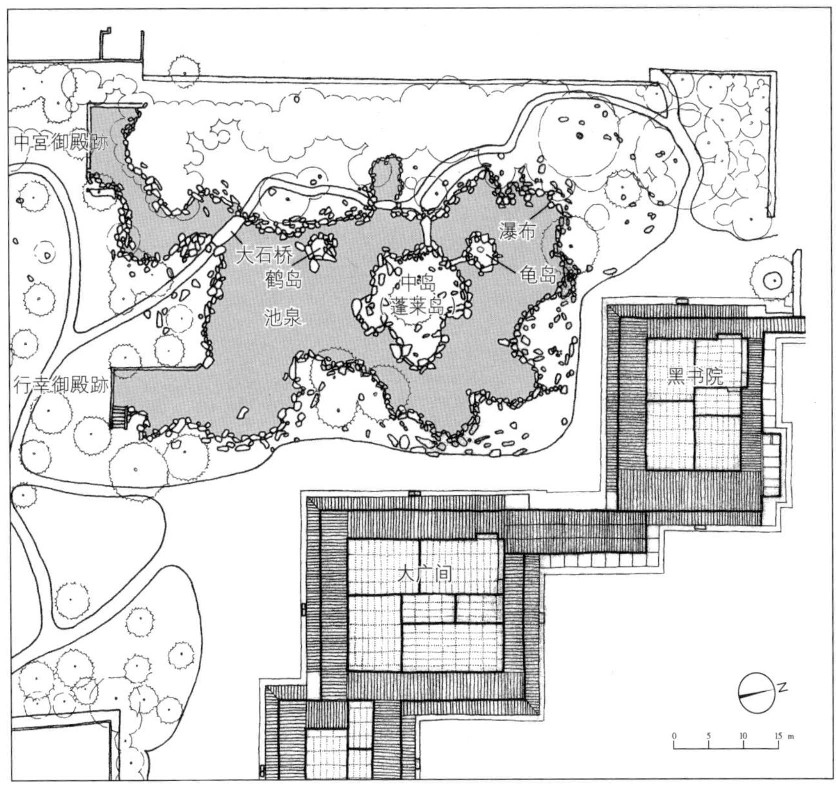

沿革：二条城是庆长5年（1600）关原之战后，作为禁里的守护和将军上洛中的驻留所由德川家康营造并于庆长8年（1603）完成。同年，家康成为征夷大将军，从伏见城搬到二条城。这时期的营造是移建聚乐第的建筑物，瞭望楼也很小，既有的池泉庭是由小堀远州建造的。改造成今天的样子是宽永3年（1626）为了迎接后水尾天皇的到来，行幸御殿是在池泉的南侧夹着池水建造的。指挥行幸御殿筑造的人也是小堀远州。

鉴赏（特色）：在位于宽阔水池西北角的假山，以豪放的手法建造两段落差的瀑布，在池泉以大小三个神仙岛为中心，兼作驳岸石组由巨石组成蓬莱石。从大岛的西侧到对岸高高架设巨大的石桥。可以称作是“四面庭园”，考虑到从白书院、黑书院、行幸御殿、中宫御殿看到的景色而进行了改造。

龟石组。发端于神仙思想，以蓬莱石为中心配置表现为鹤和龟的石组。

从对岸眺望中岛的蓬莱岛。

二条城二之丸御殿和庭园。建筑为雁行走向，可以从各种方向眺望庭园。

二段落差的瀑布石组。这附近的石组能够看出是后来的改造。

曼殊院庭园

所在地 京都市左京区一乘寺竹之内町
建成年代 江户时代初期（国家指定名胜 收费开放）
面积 1380m²
样式 武家书院造庭园

小书院前全景。跟前是龟岛。左手里面是蓬莱石组。

枭的手水钵。四面雕刻枭的样子，非常少见。面向通往小书院的走廊。

以龟岛作为中州，砂纹表示水的流动。

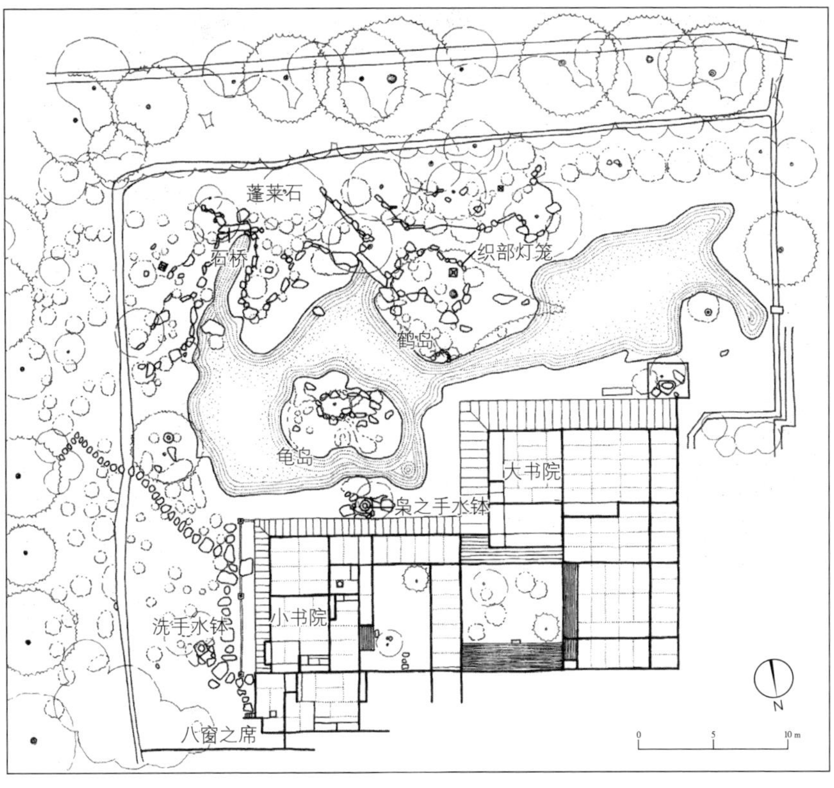

沿革：曼殊院由比叡山延历寺天台宗的开祖最澄开创，代代相承，明历2年（1656）到了三十代良尚法亲王那代搬迁到现在的地方。这块地是通向叡山的要地。搬迁没有新造，据说是将宫中的建筑物移了过来，庭园推测是搬迁后不久改造的。这一年，恰好旁边正在建造后水尾上皇的修学院离宫。

鉴赏（特色）：庭园设在书院的南部和东部，大书院和小书院形成雁行，附带栏杆的走廊弯曲连续。这个栏杆上有格狭间，表示小舟的舷。坐在室内的话，就宛如乘着小舟眺望大海上的岛屿。正房对面的地方即大书院的前庭设计为假山，以五叶松、出岛、织部灯笼、石组和放置灯笼等为主景。小书院的正面，远处高高架设着巨大的石桥和桥添石则是刚健的景观。石桥下流淌着的小河逐渐变为大河，夹着中州，向前流去。东庭为露台式的庭园。在小书院的东北部有三张榻榻米台目的称为“八窗之席”的茶室。

从小书院看出去的景色。跟前是低矮的板栏杆，宛如在船上看到的景色。

鹤岛。松树的脚下，是作为本庭特征的修剪过的皋月杜鹃和锦绣杜鹃。

庭园西侧的景色。

珍稀造型的织部灯笼。特征是有竿和宝珠。

龟岛。面对石桥的方向由石头组成。

4 露地[1]（茶庭）

露地本来是用于进入茶席的专用庭园。因此，也被称为茶庭。露地是被邀请客人在进入茶席前为了洗涤心灵而准备的空间，意为袒露心怀，故称为“露地”。

茶道本来就是受到禅的很大影响而形成的。担任大德寺住持的禅僧一休宗纯（1394–1481）的受教弟子村田珠光（1422–1502）创立了现在“茶道”的基础，由其弟子武野绍鸥继承，千利休为大成。茶道精神从禅僧进行的自省表现转变为迎客的主人内心的表现。利休曾说“茶室是清静无垢的佛国土”，禅僧的求道精神也存在于茶道之中。

露地（茶庭）与之前的庭园、建筑样式截然不同。建筑物被称为数寄屋[2]造，其建造不受规格局限。特别

●露地

在进入茶室前要调整心理准备。（表千家露地／京都府）

① 露地：日本茶道草庵式茶室的庭院。（译注）
② 数寄屋：日本传统建筑样式的一种。是取茶室风格的意匠与书院式住宅加以融合的产物，常用“数寄”（糊半透明纸的木方格推拉门）分割空间。（译注）

是草庵，体量很小，极为简朴。在这种条件下，露地也需要与建筑物的规模相匹配，从而变得很小。为了能慢慢地品味这庭园空间做好进入茶室的心理准备，来客需根据踏脚石位置慢慢前行。此外，手水钵[①]的使用、通过看似狭小的露地也需要花费时间。其次露地中利用篱笆或枝折户[②]转换空间，其作用与庙宇的参道相同。参道的长距离能让人感到时间的存在感，由此将参拜者的心身引向清静。而在露地的有限空间内，为了能让人感受到时间必须花费各种心思进行设计，蹲踞手水钵[③]和踏脚石便是为此设计的产物。因此，露地是追求景色且实用的庭园。千利休茶道的完善与露地、数奇屋造关系密切，可以推测露地和数奇屋造的诞生与日本茶道的基本形成几乎是同时进行的。

●蹲踞

使用蹲踞洁净身心，为进入茶室做准备。（建功寺／神奈川县）

●窝身门

松琴亭的窝身门。因为需要跪着挪进去，故称窝身门。弯下腰人才能勉强进去的茶室出入口。（桂离宫庭园／京都府）

① 手水钵：洗手钵，盛洗手水的钵。（译注）

② 枝折户：使用竹子，木条等制作出的栅栏门。（译注）

③ 蹲踞：日本茶室前院等处放置的石制洗水用道具。常在其上摆放小竹勺和提供水源的竹制水渠。（译注）

表千家露地

所在地 京都市上京区小川通寺之内上
建成年代 江户时代初期（国家指定名胜　不开放）
面积 1100m^2
样式 露地

主要茶席之一不审庵。茶席的出入口称为窝身门，只有人弯下腰才能勉强进去的大小。

表门。在武家的用地内能够看到的样子，纪州的德川治宝所赐的门。

中门的少见形式中潜门①。客人通过较大的落地窗时，主人就会知道出来迎接。

① 中潜门：在茶室庭园里，外院与内院之间的屈伸进出门。（译注）

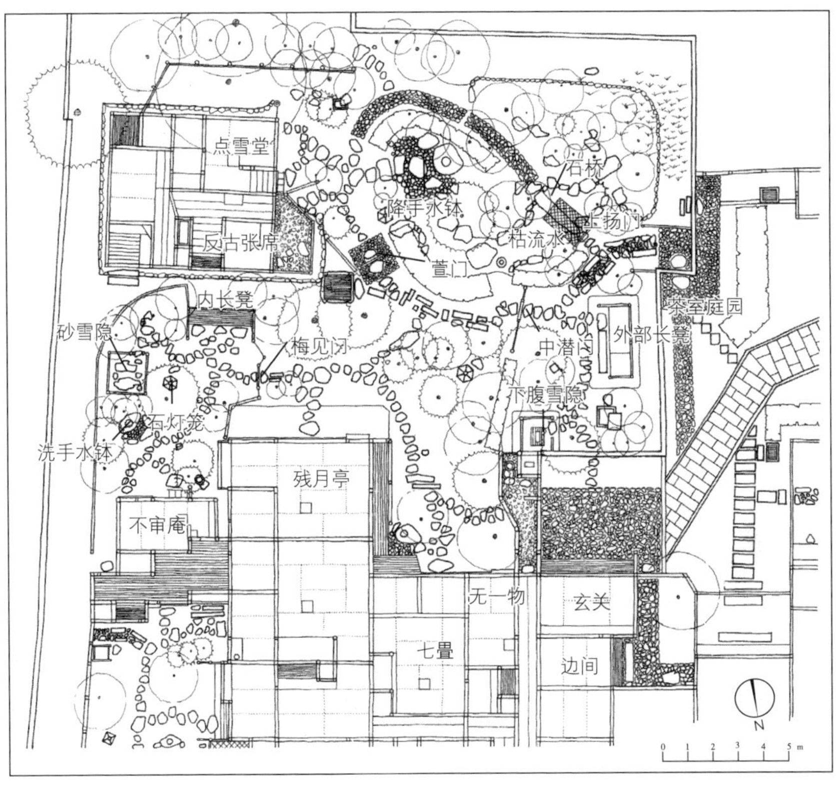

沿革：千利休被丰臣秀吉命令自刎后，利休的儿子少庵为了复兴千家，从聚乐第的利休宅第移筑了三张榻榻米大小的茶席等遗构的一部分。少庵的儿子宗旦曾在大德寺出家剃度，但在庆长元年（1596）少庵让宗旦还俗，让他当家，自己隐退。正宝3年（1646）69岁的宗旦把不审庵让给三儿子江岑宗左后隐居。正宝5年寒云亭建成，由小儿子宗室继承。在这儿分成了表千家和里千家。二儿子宗守创立的官休庵同时成为三千家。

鉴赏（特色）：最里面三张榻榻米大小的不审庵、跟前十张榻榻米大小的残月亭和中庭的点雪堂为主要的茶席。露地口、外部等候处、中潜门、残月亭前露地、梅见门，一直到不审庵有三重露地。从外部等候处到悬挂箦户[①]、石桥、点雪堂也有露地，整个庭园拥有多个露地。基本的要素现在都已被继承，但是与天明8年大火导致建筑物全部焚毁同以前有了很大的变化。

① 悬挂箦户：茶室庭园内使用的支撑门。（译注）

悬挂箦户和枯流水上架设的石桥。悬挂箦户在入席的时候向上翻转并用竹棒支撑。

设置于观月亭西侧的手水钵。

茶室入口一侧的墙壁上附设着称为刀挂的架子，古时候武士用来悬挂佩刀。刀挂跟前设置了挂刀石，是用来站在上面挂刀的石头。

从悬挂箦户到点雪堂的石道。

梅见门的脚下。靠近门的石头，外露地侧的叫客石，内露地侧的叫亭主石。

里千家露地

所在地 京都市上京区小川通寺之内上

建成年代 江户时代初期（国家指定名胜 不开放）

面积 2140m^2

样式 露地

从等候处看中门。中门称为竹门，在圆木柱子上用竹片修葺屋顶。为了不破坏茶室的格调，以质朴为宗旨而建造。
摄影：Tabata Minao

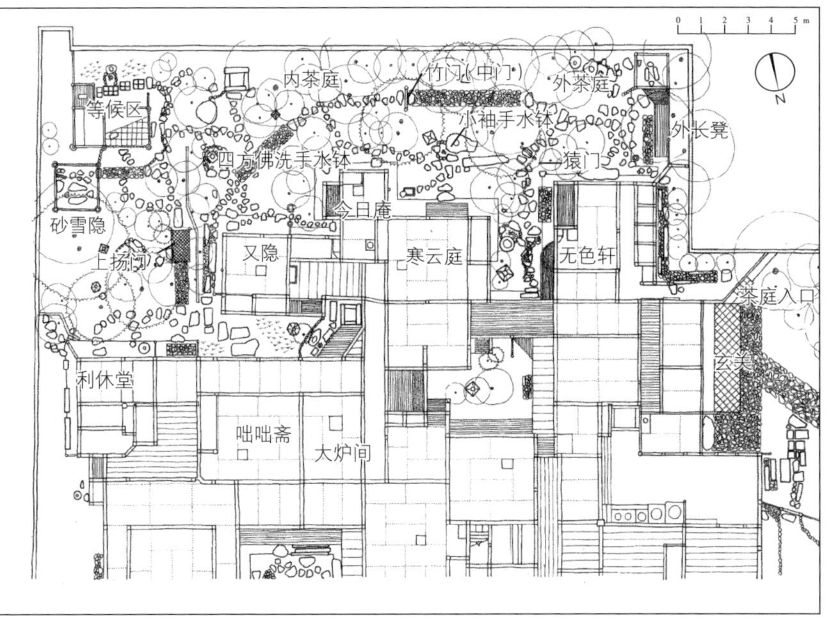

沿革：承应2年（1653）仙叟宗室从父亲宗旦那继承了今日庵。元禄4年（1691）是利休的百回忌，修建利休堂，雕刻利休像祭祀，但天明8年（1788）因为天明大火与表千家一并焚毁。因为这一年离利休的二百回忌还有三年，九代不见斋急忙开始恢复重建。虽然再建了今日庵和又隐，但利休堂来不及建设只能建造假堂进行法事。后来假堂被利用作了内部等候处。

鉴赏（特色）：天明大火后的复兴与焚毁前相同，露地基本上与现在相比没什么变化。里千家因为是宗旦隐退后的茶室和露地，比表千家更为寂静，露地的构造为两重露地。露地的西端切有露地口，经过等候处、踏脚石、铺石路，进入竹门。再走过踏脚石、铺石路，到达又隐的前面。向东前进的话，有内部等候处、沙雪隐。从这儿再向北前进，穿过悬挂簧户，到达利休堂。茶室在1976年被指定为重要文化遗产。

外露地的等候处。等候处的石头，左端设置稍高的一块石头是正客用，接在右边零散分布的铺石路是给跟在正客后面的客人使用的。摄影：Tabata Minao

今日庵的窝身门附近。宗旦作为隐居所而建的茶室。茶室的结构压缩至极限，是只有一个榻榻米台目的草庵茶室。摄影：Tabata Minao

从中门回望等候处。零散铺石路笔直延伸，其两侧树木繁茂。摄影：Tabata Minao

又隐露地。露地的踏脚石喜欢使用较小的石头。在又隐的窝身门前设置的踏脚石特别小，称为“豆撒石”。摄影：Tabata Minao

又隐前的蹲踞手水钵。因为四面刻着佛像，所以被称为四面佛的蹲踞。再往里能够看到钵前灯笼。摄影：Tabata Minao

尘穴。在茶室屋檐下和等候处附近设置的小洞。虽称之为尘穴，实际上并不是为了把灰尘倒入其中的东西，让入席之人将心灵的灰尘倒入其中这层意义较强。在洞穴的边缘一定要设置一小块自然石背对着茶室。茶会的时候，在尘穴填入枝叶等，加上青竹做的垃圾夹子。摄影：Tabata Minao

5 池泉回游式庭园

与禅庭作为在建筑物内观赏的庭园相反，池泉回游式庭园是以走进庭园边走边看作为主要的庭园欣赏方式，像寝殿造庭园和净土式庭园那样，人们再次走进庭园，回游漫步。但并不在庭园中央建造寝殿和阿弥陀堂那样的大型建筑，而是在庭园内多处建造适当大小的建筑物。庭园内步行移动的大前提下，以连续性多方位欣赏景色的形式作为庭园主要框架。

池泉回游式庭园的特征是在庭园用地中央建造大型水池，水池周围以各地名胜和文学等为题材建造几个小庭园。水池的形状曲幽，观赏者在步行中无法看清庭园的整体。这样的在庭园内多处可眺望水池，并有不同趣味的几处小庭园相互连接的大型庭园称为“池泉回游式庭园”。庭园以

●从室内眺望广阔水面和建筑物

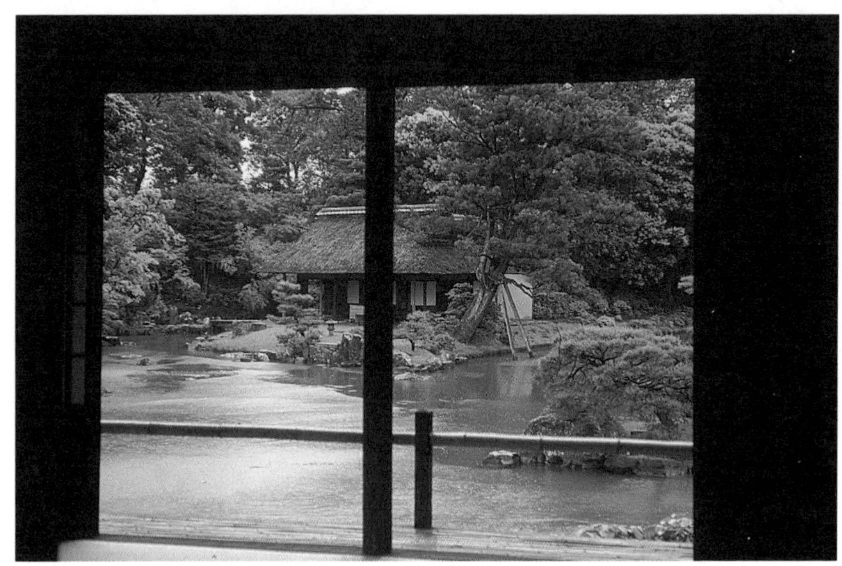

从月波楼眺望松琴亭。建筑物也是景色的一个重要元素。（桂离宫庭园／京都府）

水池为中心，利用空间的开闭转换景色。有时不见宽广水面之悠然而呈现深山幽谷之景色。有时却意图空间的展开，呈现出豁然开朗之湖面景色。

池泉回游式庭园中所建造的建筑物为数寄屋，与此前书院建筑不同，并不作为礼仪空间使用，而是作为雅趣之所。数寄屋建筑和庭园作为一个整体，在数寄屋内可观赏到不同的庭园景色，而数寄屋其本身又是庭园景色的一部分。池泉回游式庭园始于桃山时代，到了江户初期是最为流行的庭园建造样式。这种庭园被当时的大名（内阁大将军或领主）作为交际场所。大名们通过在庭园内举办“御成”的宴会，迎接到访的贵宾及结交权贵，与此同时这种庭园也体现了当时上层阶级的审美意识。

●视觉遮挡的空间

由树篱笆制作的闭塞空间。（桂离宫庭园／京都府）

●开阔的景色

开阔的天空和水面景色。（桂离宫庭园／京都府）

桂离宫庭园

所在地 京都市左京区桂御园
建成年代 江户时代初期（免费开放 申请许可制）
面积 58210m^2
样式 池泉回游式

松琴亭和天桥。松琴亭是桂离宫规格最高的茶室。

天桥。架设了两座石桥，一座是长度2m的自然石造石桥，另一座是长度4m的料石造石桥。

从坡道登上的地方，有坡顶茶屋风格的赏花亭。

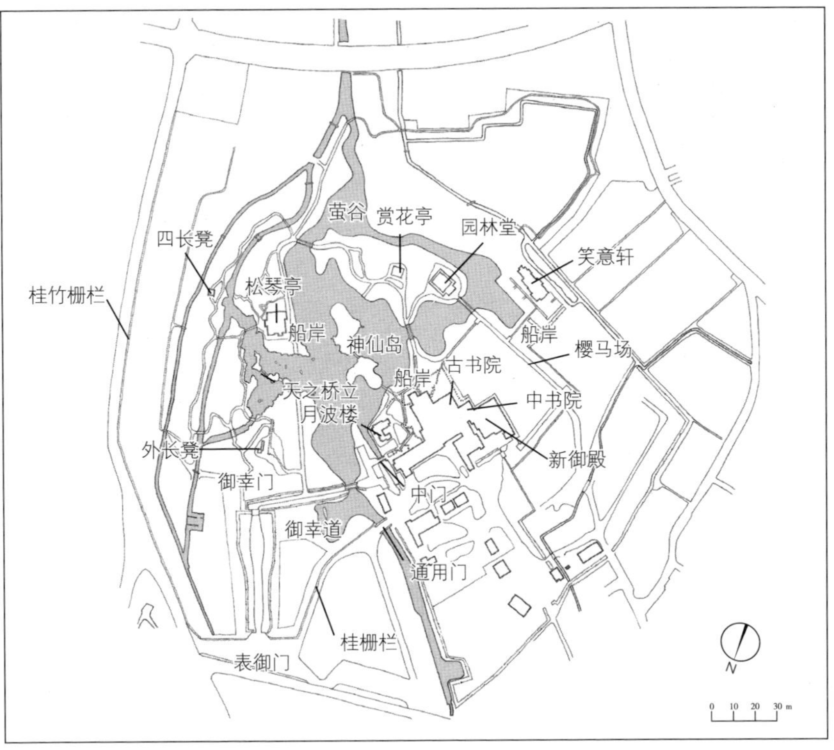

沿革：桂离宫的创始者智仁亲王，作为后阳成天皇的第六皇子于天正12年（1579）诞生，天正19年（1591）始创八条宫家。亲王八岁时成为丰臣秀吉的养子，后来淀君生了亲生儿子鹤松，秀吉便解除了养子关系。由此成为亲王宣下。桂山庄的营造始于元和3年（1617）前后，一直持续到宽永6年（1629）亲王去世。宽永19年（1642），由二代智忠亲王开始营造桂山庄第二期，直到宽文2年（1662）智忠亲王去世为止，建成了与今天所见一样的庭园。

鉴赏（特色）：桂离宫的庭园建造时功夫下到了极细微之处，美景满溢。例如月波楼所附设的赏月台，设计为能够看到中秋的月亮从正对面上升。庭园的结构，绝不能一眼饱览全部的景色，由于空间的开闭一边控制视野一边在步行的人眼前不断展开新景观。设置多个建筑，这些通过苑路和桥连接在一起，也有的能够以小舟往来。以这些建筑物为核心，假山、池泉、水流、石组、沙洲、灯笼、植栽等全部凝聚功夫。没有一处让人感到无聊的空间，建筑物和庭园有一种和谐的美。

园林堂铺设雨落霰石和与此相交的方形踏脚石。

御幸门。有带皮圆木的门柱、茅草屋顶和竹片制成箦状的门扉。

月波楼。在石垣上的高处面向东面建造的用于赏月的茶室。

土桥。桂离宫在使用多种材料的苑路上组合成复杂的直线和曲线。

从赏花亭前眺望。池中央可以看到的岛是神仙岛。

修学院离宫庭园

所在地 京都市左京区修学院
建成年代 江户时代初期（免费开放 申请许可制）
面积 57190m^2
样式 池泉回游式

从邻云亭眺望。海拔149m的邻云亭的眼下是浴龙池，遥望鞍马、贵船的群山。

邻云亭的土间。以红黑的鸭川石埋入的“一二三石”展示的崭新的美。

穷邃亭。18张榻榻米的独间室内由篰户设置了巨大的开口。

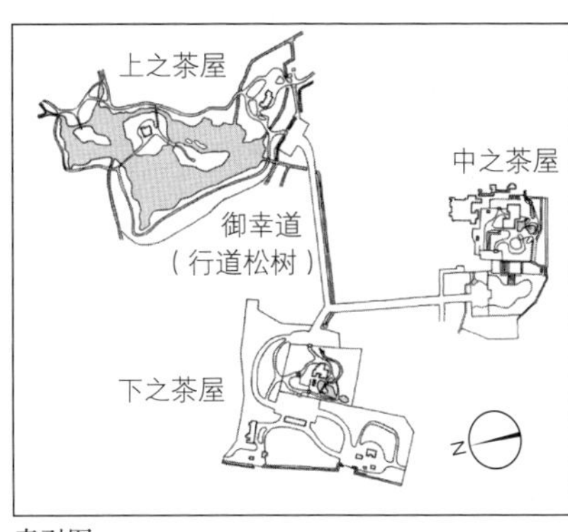

索引图。

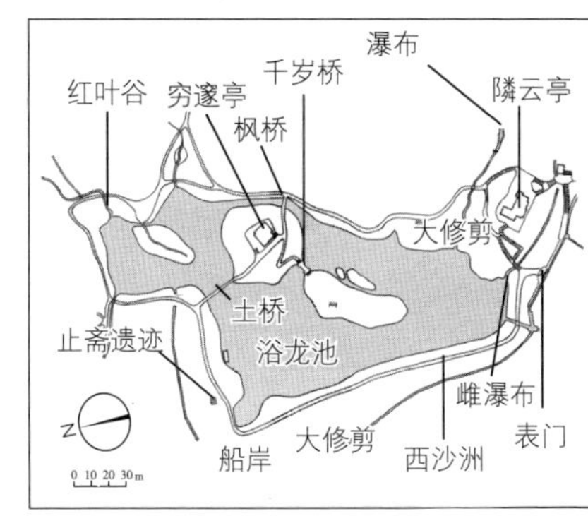

上茶屋。

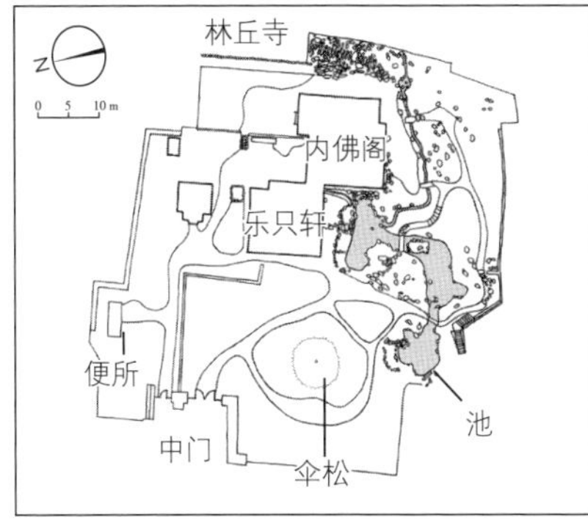

中茶屋。

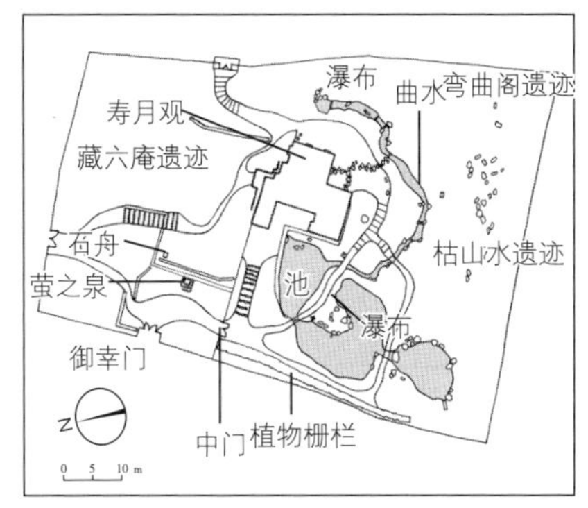

下茶屋。

沿革：从明历元年（1655）到万治2年（1659），后水尾上皇注意到这块地方风光明媚，筑造大型的山庄。与此同时，将此地的上皇第一皇女梅宫的圆照寺迁走了。营造开始的第二年，上皇为了作为修学院的参考，屈尊御幸了桂离宫。

鉴赏（特色）：在从圆照寺那时就存在的景色优美的山腹中建造水池，在其周围设置茶室。下茶屋是以寿月观为中心的建筑物，在此举办和汉会和舞蹈表演等。庭园在寿月观的东侧落下瀑布，通过较大迂回经过南侧，在西侧的池泉落下瀑布。中茶屋由后水尾上皇的皇女朱宫营造山庄，在上皇和母亲东福门院亡故后剃度，将山庄改为林丘寺。明治19年（1887）将堂舍移筑到背后的丘上，这块地交还宫内厅后，作为中茶屋。上茶屋考虑到从离宫中心建筑物邻云亭看出去的风景而建造了浴龙池。池子因在山脊上，建造池泉十分困难，削去山脊筑造堤坝，从山谷对面的音羽川引水。与下、中茶屋的静寂相对，上茶屋则是雄伟的风景。

架设在上茶屋、浴龙池上的千岁桥。桥的西侧是寄栋房顶的四阿亭。

连接茶屋的松树林荫道。

设计成西方净土景色的西浜。对于后水尾上皇喜好的乘舟游玩来说，在池中绕行可以感受到变化景观的趣致。

通往穷邃亭路上的枫桥。周围枫树多而茂盛。

6 近代的庭园

进入明治时代后，明治维新时期陆续登场的政治家、财阀和军人等也开始积极建造庭园。可以说是当时所谓的成功者们建造的庭园。庭园的内容并不像中世那样保持严谨，也不如大名时代那样奢华，而是悠然清静的庭园。从此前竖立景石较多的庭园，转变成为大多以伏石为主的新样式庭园。明治时代后半期，在京都的南禅寺周边开发了一批带有庭园的高级住宅，此后庭园与人们的关系也逐渐发生了改变。这些新兴的成功人士们追求个性化的思想，庭园也随之发生变化。庭园的建造方法一边试图导入西洋的价值观，一边遵循传统日本的美学意识。人们建造西洋的别墅，在那儿通过举办日本传统茶会等来深化朋友关系。庭园作为他们交友的舞台也体现了当时自由想象的价值观和审美意识。

●悠然开阔的庭园

为纪念平安迁都1100年创建神宫，建筑物四周环水以池泉为中心设置的神苑。（平安神宫／京都府）

●落落大方的庭园

不用古典样式而是根据自由想象建造的山县有朋的别墅。（无邻庵庭园 / 京都府）

●落落大方的庭园

石头横卧安置、水流缓缓，悠然的庭园。（无邻庵庭园 / 京都府）

平安神宫庭园

所在地 京都市左京区冈崎西天王町
建成年代 明治时代（收费开放）
面积 20100m^2
样式 池泉回游式

东神苑背对着栗田山的桥殿。这个庭园的招牌景色。

神门。以平安时代的建筑样式为模板建设。

西神苑的白虎池。作为菖蒲观赏地为人所知。

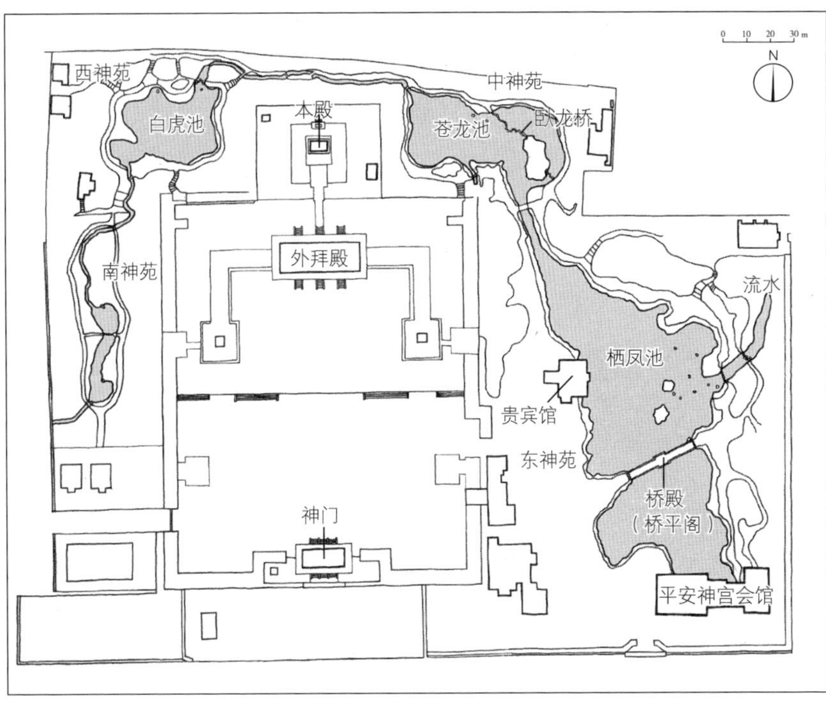

沿革：平安神宫是明治28年（1895）为了纪念平安迁都1100年而创建。当时，由于东京迁都，为了逐步让开始荒废的街道恢复活力，策划京都博览会，通过每年举办来大力激活京都的产业。为在那儿举办迁都的纪念活动，而创建平安神宫，举办全国规模的第四次国内劝业博览会。以桓武天皇和孝明天皇作为御祭神供奉。

鉴赏（特色）：神苑由小川治兵卫设计施工。庭园由南神苑、西神苑、中神苑、东神苑四个池泉构成。南神苑的红枝垂樱一景是代表京都之春的名胜。西神苑的石组采取古典手法，是本苑中最优秀的。中神苑的卧龙桥使用秀吉筑造的三条和五条桥的桥脚及桥的残料，通称泽渡。东神苑由桥殿完成景色，此处曾是市立美术馆，拆除后建造池泉。无论进入哪个季节都可以表现出四季个性景色的巧妙之处。

架设在中神苑的苍龙池上的卧龙桥。通过这个河岸踏石，就是中神苑观景点的池泉。

连接中神苑和西神苑的水流的崩石积护岸。

卧龙桥端部的石桥。到了夏天睡莲花朵在池泉水面竞相盛开。

注入栖凤池的浅溪。很好地显示出小川治兵卫的作庭特点。

从桥殿眺望池泉的北侧。西神苑和东神苑，意图四神相应，称为白虎池和苍龙池。

无邻庵庭园

所在地 京都市左京区南禅寺草川町
建成年代 明治时代（国家指定名胜 收费开放）
面积 3130m^2
样式 池泉回游式

庭园全景。远景可以看见东山（南禅寺山）。

引自琵琶湖水道的三段瀑布。三个瀑布的位置左右摇摆，改变了落下的角度。

流水和小瀑布的巧妙设计。驳岸和水中石组采用河石，形成意趣十分丰富的景色。

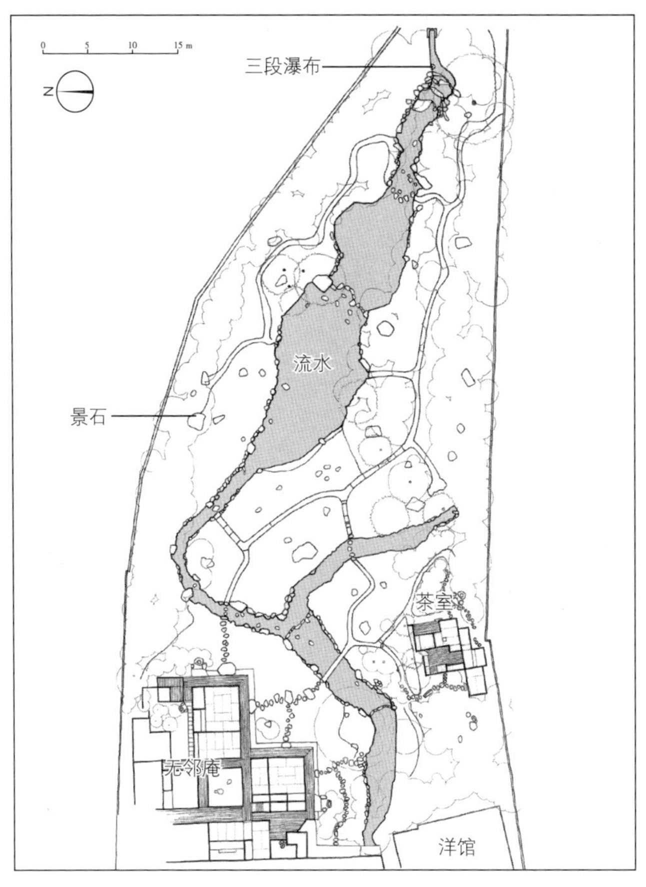

沿革：本庭园是在山县有朋的指挥下作为京都的别墅由小川治兵卫于明治29年（1896）完成的。明治24年（1891）辞去总理大臣的有朋在京都买下别邸，将其取名为无邻庵。明治27年（1894）有朋买下这块土地，由小川治兵卫指挥建造庭园。庭木和庭石据说都是自己多方寻求而来。有朋爱好水景，选择这块地方的重要原因是这里能引入琵琶湖水道的水为庭园水景的建造所用。

鉴赏（特色）：庭园的特点是借景东山，水量丰富的瀑布和水流。庭园深处由三段瀑布组成，流淌二条清澈的小河，绕过中岛注入下部的池子。虽然是三角形和狭长形的用地，但巧妙利用缓缓上升的坡度，将纵深的终点隐于树木之中。是明快的有纵深的庭园。水流对岸的三个榻榻米台目的茶室是从丹波移建过来的。有朋不太重视建筑物，小屋以质朴为宗旨，希望庭园达到幽邃和清雅的效果。

母屋和庭园。流水和野生草坪小丘的景色与有朋的故乡萩的景色十分类似。

从水流上流看出去的景色。平稳的水面形成小瀑布流下去。

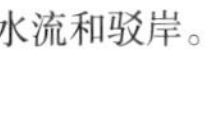
水流和驳岸。

上流的流水。草木生长茂盛，流水像在缝隙间流淌。

从母屋内看出去的景观。

7 总结建筑物和庭园的关系

贵族举行仪式及欣赏风雅的建筑物和庭园

寝殿——贵族的用地是一町四方（约120m×120m），其中庭园在建筑物南侧，约120m×60m左右。建筑物前约18～27m为在仪式中使用的平庭。这个时代建筑物虽然庞大，但是内部没有墙壁之类的隔断，也没有天花板，是一个广阔的室内空间。通过蔀户从建筑物内可观看到庭园全景。庭院的结构不仅仅是观赏用的庭院也具备各种礼仪及休闲相对应的机能。

禅的求道的庭院、表现武士权力体制的庭院

方丈和书院——中世纪禅宗和武士时代。建筑物的用地是一町的四分之一，建筑物也向着简约化发展，出现了墙壁、榻榻米地板和天花板等，是日本建筑史上重要的变革期。另外，在这个时代出现了舞良户，随后的江户时代出现了一本引雨户①。这个时代的建筑物为禅寺的方丈和书院造。禅寺的方丈的前庭为“求道之庭”和“表现开悟之庭”。书院前的庭园为观赏用的庭园。

禅的庭园和茶道的庭园都是求道之庭

茶室（茶庵）——受到禅宗影响的茶道在追求心理上自由的同时，不局限于之前建筑样式与尺寸，极简化的建筑物面积缩小。作为茶室庭园的露地与建筑物形成相应大小规模并作为进入茶室前清净身心的空间。

趣味风雅的休闲空间

数寄屋——千利休创立闲寂空间以来，随着时代变迁最终成为大名（大将军或邻主）趣味风雅的休闲场所。建筑物以“书院、数寄屋、草庵”的建屋结构作为回游式庭园内空间转换的接点，通过日本美学思想形成了丰富的表现空间。

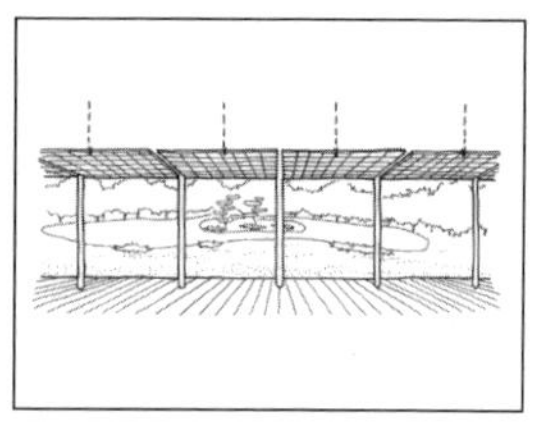

寝殿造建筑物的蔀户和庭园的关系。庭园全景展现。

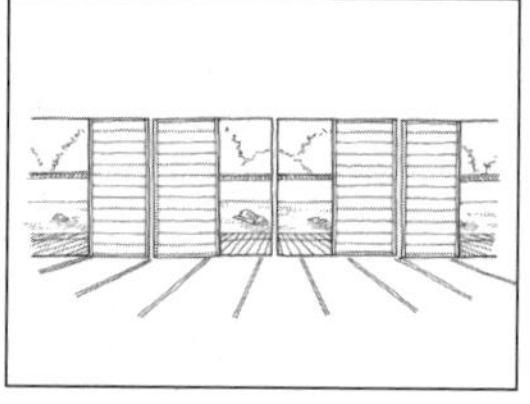

书院造建筑物的舞良户和庭园的关系。庭园取景式展现。

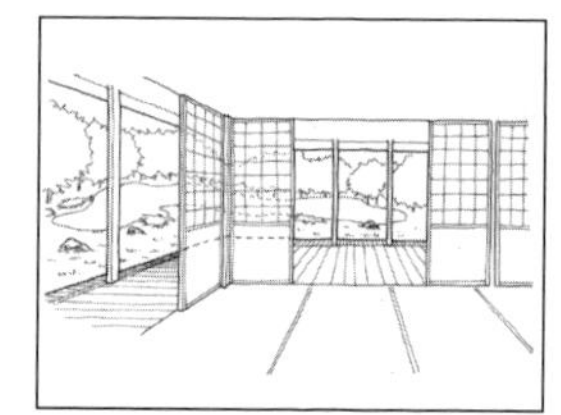

书院造建筑物的一本引雨户和庭园的关系。庭园全视野展现。

---

① 一本引雨户：边上有槽，能够完全收纳的移窗。（译注）

第3章

构成、要素

构成、要素

1 池泉

自然界中水的存在方式有“从上落下”和“积水”两种。在庭园中，从上落下的水是瀑布和急滩、水流，积水是池塘，能够倒映周围的景色。从下向上喷水在日本庭园中较少见，古时候只有兼六园中利用地基的高低落差来制作喷泉这一唯一的例子。日本庭园基本采用“从上落下”和“积水倒映景色”这两种制作方法。

在庭园中池泉本来就是水的积存状态，以示湖、池、海。积水中，有被草地包围着用于灌溉田地的旨趣安稳悠闲的池子，也有与之相反，强有力的石头像雷鸣翻滚一样的山中险峻的湖泊，气氛就完全不同。此外，也有处于中间状态的。

在制作景色和营造气氛时最重要的事是池塘驳岸的处理方式和水面与周围地基高度的设定。池塘驳岸是石组且石头的高低变化较大的池泉，具有与山中深湖相近的氛围，强而有力。同样是石组做成的驳岸，如果是由浸入水面时隐时现的石头组成的话，则是旨趣平稳的池泉。池塘驳岸不是石头，而是草坪入水的形态的话，氛围更显安稳悠闲，表现出安逸的田园生活。这种情况，后者水面高的话则更加平稳，前者水面较低一些而驳岸石组从水中升出一定程度的话则会增强力量。另外，平稳的水边之一还包括洲浜。池塘驳岸的存在方式是由庭园如何进行空间构成所决定的。

●由强有力的石组所构成的驳岸

由高高低低的石组所组成的给人以险峻印象的庭园。池塘驳岸的石头堆积是兼具挡土墙作用的驳岸，保护周围的河岸不被水所侵蚀。池塘驳岸和挡土墙本质上是不一样的。池塘驳岸不限于将石头以同样高度进行排列这样没有设计感的做法，而是将石头以高低落差进行设置，景色优先，然后再考虑将土挡住。（二条城二之丸庭园／京都府）

●平稳的驳岸

由石头贴着水面组成，在这里那里有一些凸出的较高的石头。驳岸的制作与其所依附地面坡度须呼应。为了让草坪产生一定的弧度，不要把石头垒得太高，这样感觉会好点儿。（仙洞御所庭园／京都府）

●平稳的洲浜

有坡度的较大洲浜具有介于险峻和平稳中间的氛围。这里展现鹅卵石平铺入水的样子。（仙洞御所庭园／京都府）

●安稳悠闲的驳岸

草坪一直延伸至水面，给人以安稳悠闲的印象。（东本愿寺涉成园庭园／京都府）

●朴素的乱桩驳岸

木头乱桩打入地基，乱桩残留的上面被草坪覆盖。安稳悠闲的田园氛围。（鹿苑寺金阁庭园／京都府）

●船坞驳岸

船坞。在桂离宫等的大池塘为了乘舟游玩而实际将驳岸用来停靠小舟，兼具实用性的船坞。反过来也有把小型池塘造船坞作为一景的情况。建造船坞要设在水和驳岸高度接近的部分，目的是给驳岸带来变化。（桂离宫庭园／京都府）

●倒映景色的水面

水面倒映周围的景色，产生拓展空间的效果。（缩景园庭园／广岛县）

2 瀑布

通过高低差形成的水流称为瀑布。由于流水从高处落下的形式不同，从而会产生不同的瀑布景色。瀑布的观赏角度以正面的居多，但有时也有侧面观看水流落下时形成的弧线景观。瀑布落下的形式分别有"离落"、"段落"、"线落"、"片落"、"传落"、"分落"，根据水量的区别，形成的瀑布也完全不同。例如要形成有一定宽度的片落瀑布，则需要较大的水量，同样传落瀑布如果水量小了，则失去了气势，看不到水流泛起的白花。所以在制作瀑布时水量的大小至关重要。

从设计角度讲，从建筑物内观看南侧的瀑布与北部的瀑布完全不同。其原因是建造在建筑物南侧的瀑布面向北，在建筑物内观赏瀑布时瀑布处于背光，在阴暗中的瀑布能使人感到深度并产生想象空间。而建造在建筑物北侧的瀑布面向南方，在建筑物内观赏瀑布时阳光直射，使得瀑布一清二楚缺少深度，更失去了趣味。在日本庭园制作中，对于光源与地形关系的考虑是必不可少的。

●段落

段落瀑布分为二段落、三段落，甚至五段落瀑布。段落瀑布由大量石组的组合及两侧置放大型不动石、中间则是水落石（镜石）这两种做法。大量石组组合的段落瀑布凸显险峻，适合体现自然野趣。而利用不动石与镜石制作的瀑布稍显规整，适合恬静风雅之所。以上两种段落瀑布制作根据所需场景判断。（Art Lake Golf Club / 大阪府）

●传落

传落瀑布在自然界中通常出现于深山处，所以制作时周围环境的考虑是非常重要的。瀑布周围配置常绿树，侧前方植一棵枫树用来遮隐瀑布，两侧的植物使瀑布从正面看成V字形，这样加强瀑布的深邃感。（银鳞庄 / 神奈川县）

●片落

片落瀑布制作时需考虑高度、水量及瀑布的宽度。高度越高，越显得瀑布气势磅礴。高度低的，则显悠然柔和。为显瀑布气势，水量的多少至关重要。高度较高的瀑布如果水量不够，则会使瀑布显得无力单薄。在水量不够的情况下，尽量控制瀑布高度。（京都府公馆 / 京都府）

●分落

分落瀑布通过一块石头分离水流。瀑布周围分布着“水敲石”、“水分石”等石头增加气氛。（六义园庭园 / 东京都）

●段落·离落

三段的段落瀑布，中段呈现离落。（银鳞庄 / 神奈川县）

●禅之瀑布（鲤鱼石）

在瀑布落水处有一块称作鲤鱼石的石头。这是来自于中国禅宗鲤鱼跃龙门的典故。（鹿苑寺金阁庭园 / 京都府）

3 水流

水从高处向低处流动的状态叫“水流”。水流根据不同氛围有不同称呼，水变成白色哗哗急流一样的上流氛围叫“急滩”，之后是坡度缓和的“中流”，安稳悠闲地流淌于弯弯曲曲的地方称为“下流”。

急滩石头隆隆滚动，驳岸以石组为中心。底部所铺的石头也好，上流的石头也好都不怎么圆滑，而有棱角。急滩本身由于夹杂着崎岖的石头，水流跳跃，并不笔直地流淌。水流由于撞击这里那里的石头而改变方向。弯曲的方向虽然不像蛇行那样弯曲，但是由于冲击石头会突然改变方向。这些便是急滩的特征。

到了中流，驳岸石头的数量逐渐减少，水流能够撞击改变方向的位置也只限于大石头了。不像急滩那样全

●急滩

急滩。流水的上面一定有水源。如果有瀑布的话，其下有急滩、有中流、有下流及其进入的池子，这是遵循自然规则合理的水景设计。河的宽度、水的坡度、水流的速度及水流驳岸的处理方法的变化，水流占庭园比例的多少，这些都由庭园的氛围所左右。（箱根美术馆　神仙乡／神奈川县）

●上流的水流

上流的细流。水流与水流周围地面坡度相互关联。上流因为山中有谷的缘故，地面的坡度较急，石头挡土的部分较多。中流坡度缓和，即使有石头也不一定是起挡土作用。到了下流自然生长的草类长入水中，安稳悠闲几乎没有高低落差。如此，根据水流周围地面的不同，营造出的气氛也截然不同。（慈照寺银阁庭园／京都府）

部都有石头驳岸。水的弯曲方式也变得幅度很大，河流的宽度比急滩要宽得多。此外，水流也趋于缓和。

下流几乎没有石头，水流的驳岸是草坪入水自然消失，或者是生长水草之类的。河底圆圆的鹅卵石安安静静地沉着。河的宽度变宽，水的流动也变得缓和，几乎看不出在动。

●从中流到下流的水流

平缓的中流。空间气氛的营造须考虑整体关系。例如驳岸由险峻的石头组成，周围由草坪做成安稳悠闲的氛围，就不符合自然法则而让人产生奇怪的印象。如果是急流的话，其必然性就应该源自周围的地势。（无邻庵庭园 / 京都府）

●从中流到下流的水流

流水中的石头使得流水往两侧挤，这样的石头称为迎石。在水底不阻挡流水的石头称为乘越石。（无邻庵庭园 / 京都府）

●下流的水流

下流的水流。根据水流的种类，改变能够在周围种植的植被。急滩因为在山中，水面被树覆盖。水流的深处有一些勉强看得到或完全看不到的地方。中流的灌木类较多，只是达到有些地方被树覆盖的程度。下流的驳岸几乎都是草坪，或者就算有石头等，也只是孤零零的。（东本愿寺涉成园庭园 / 京都府）

4 岛

岛，在建造池塘的时候不被水浸没的残留部分且必须高于水面。另一方面，由于中洲会自然带来砂子形成小岛，是岛的另外一种处理方式。岛原本是山，由于只有这里留在水面上，所以特征是中央部分高。与池塘的驳岸相互对应，如果池塘的驳岸石头较多的话那么岛的驳岸石头也多。岛是被堆积高出水面的，为了留住那里的土就需要建造挡土墙，这样驳岸兼作为挡土墙。水轻轻拍打驳岸的同时，也轻轻拍打着岛的驳岸。即便岛

●石组驳岸的岛

岛上的植被要根据周围的氛围和石组来决定。在岛上种植树木或草坪都与设计主旨有关。整体空间结构要考虑到岛的具体功用。（仙洞御所庭园／京都府）

●植栽密布的岛

由高高低低的石组所组成的给人以险峻印象的庭园。池塘驳岸的石头堆积是兼具挡土墙作用的驳岸，保护周围的河岸不被水所侵蚀。池塘驳岸和挡土墙本质上是不一样的。池塘驳岸不限于将石头以同样高度进行排列这样没有设计感的做法，而是将石头以高低落差进行设置，景色优先，然后再考虑将土挡住。（鹿苑寺金阁庭园／京都府）

●作为中景的岛

也有将造岛作为景色的情况。如果池塘非常开阔，则让人很难以抓住距离感。在池塘中设置小岛，并在其上种植树木作为中景植物，这样一来就容易感受到距离了。植物的遮掩在视觉上产生若隐若现的效果，不让人一眼就看穿看透，基于这样的原因而造的岛很多。（缩景园庭园／广岛县）

的驳岸使用较为显著的石头也会感到安稳悠闲的气氛。如果是草坪延伸至水边的驳岸，那岛的驳岸也必须与其呼应。要设置石头来构成景色的话，则可以稍许设置一些舍石。

●枯山水中的岛

在枯山水庭园中的岛的模样。（龙源院庭园 / 京都府）

●强有力石组的龟岛

龟岛。作为日本庭园的特长，称作“鹤岛”、“龟岛”的岛有很多。这是基于道教思想作为长寿的象征，将古来有之的人们喜好吉祥、长寿的愿望形象化并融入池中。龟岛将驳岸石组表示为龟的头足的情况比较多。这些也不局限于道教思想，在禅寺的庭园也很常见。（高台寺庭园 / 京都府）

●架桥的岛

在岛上架桥和不架桥，理由完全不同。基于神仙思想认为只能由神仙居住人不能踏入其中的岛不能架桥。在佛教当中净土宗式庭园阿弥陀佛坐镇的岛是理想之乡，本来也没有桥。作为景色而造的岛，大多都没有桥。架桥就是让岛与陆地连接，陆地的景色与岛就联系起来。这样缺点是桥让岛看起来不那么像岛了。但有些则是在空间构成中为了回游而必须建造桥。（桂离宫庭园 / 京都府）

5 桥

桥原本用于连接相隔的两地，以人通行为主。而庭园中的桥分为通行用桥和景色用桥。两者兼备的桥也有，但其用途还是以景色为主。

桥有石桥、木桥、土桥、带屋顶的桥、加工过的石桥、天然石头堆砌的石桥等，观赏用的桥多为石桥。镰仓时代以后的庭园造的桥多为观赏用，这一时期架设的桥往往作为景色或心境的象征。古时候的桥全都是用天然石，桃山时代以后随着技术不断发展，逐渐开始使用加工过的料石。

●料石造石桥

根据在池塘和水流架桥地方的不同，桥和其下水面的高低关系也有所变化。在急滩架桥因为是在山涧架设，桥要和水面分离。这样能表现出山中深景的样子。如果在水流的下流架桥，为体现出下流的气氛必须使桥体接近水面。而在池塘中架桥，考虑到小舟的通过须把桥架高。要达到什么样的氛围效果，与桥的构造和高低有很大的关系。（龙源院庭园／京都府）

●天然石造石桥

在枯山水庭园使用天然石的桥。在石桥两端树立称为“桥架”的石头的情况较多。这是因为石桥没有栏杆，设置桥架起保护作用。此外，桥架的纵向结构也起到了缓和景色中桥本身较强的横向构图。因此，即使不用作通行用桥也常常设置“桥架”。（高松市斋场公园／香川县）

●土桥

土桥给人以非常朴素的印象。将栗树的圆木用手斧削切，在其上覆盖镶嵌竹子再铺上土压实，两侧种植青苔或草，中央部分使用和苑路相同的素材（碎石和土等）铺平。大型桥大多使用栗木，是因为耐水性强的缘故。（六义园庭园／东京都）

●木桥

（东本愿寺涉成园庭园／京都府）

●加工过的桥

加工过的石桥。人工建造的石桥、土桥、木桥是为了能够让人通行，除了土桥，几乎都有栏杆。大型桥，会在水下打入数根桥柱。照片中的缩景园复制的是中国的场景，所以架设的是中国式的桥。（缩景园庭园／广岛县）

●带屋顶的木桥

（高台寺庭园／京都府）

●作为景色的仿木桥

在庭院景色的深处能够看到的桥。这样的桥是景色重要的构成要素之一，成为视线前进的重点。在庭园中如何置放桥的位置是很重要的。不同的房间位置，看到桥的角度也不同。在过桥时不能看到桥的全貌，所以必须设置观看桥全貌的场所（观看点）。这不局限于建筑物内，在回游时也可以设置景色良好的场所。观景点的设置需要设计上的功力。（建功寺／神奈川县）

6 石道、石子铺地

石道和石子铺地的制作是为了让人行走方便，所以要以行走方便作为大前提。根据日本的情况空间的存在方式以及建筑物和庭园的制作方法分为严谨正式、自由随性以及介于两者之间的，分别称为“真”、“行”、“草”（相当于书法表现的楷书、行书、草书）。严谨正式的神社及寺庙的参道，铺石路采用“真”。从那里分叉通往库里[①]的道路等采用“行”。再次分叉或通往茶室的道路采用“草”。根据这些场所以及周围的环境，使用材料和其加工方法也会不同，同时也对石道和石子铺地的设计有很大的影响。

石道和石子铺地，缘石及里面的石头全部是加工的石头则为“真”。“行”虽然缘石也使用加工物，但中间使用较为平整利于行走的天然石，或者缘石及中间的石头都使用加工石，在两者之间缝隙处填入天然石。比起“真”的铺石路，“行”则显柔

●“真”石道

“真”石道。这条石道的独到之处在于石头与石头之间的缝隙很大，这夸大的缝隙成了地面的纹样。（南禅寺／京都府）

●“行”石道

以前游览日本庭园时人们一般穿的是草鞋或木屐，原则上是不穿脚跟很尖的鞋子行走。细跟鞋容易陷入石头和石头之间的缝隙里。在海外，对日本庭园文化也必须坚持这样的主张。当游览日本庭园时女性也要穿脚跟有一定宽度的鞋子，这事先必须提醒来客。（芬陀院／京都府）

① 库里：寺院中主持及其家人居住的地方。（译注）

和。“草”全部使用细小天然石的情况较多，也有在各处混杂料石的情况。更显朴素的称为“霰零”，这种做法不把边缘修饰整齐而是保持石头本来的形状，做成的是石子铺地。如果再显朴素一点儿的话就变成踏脚石了。碎石铺的苑路是“草”中最朴素的一种。石道和石子铺地的宽度由通往前方的建筑物大小及空间构成所决定。在石道、石子铺地实际制作中“真”、“行”、“草”的划分，通常通过周围氛围来取决。

●“真”石道

严谨正式氛围的参道采用“真”石道。（芳春院／京都府）

●“行”石子铺地

“行”石子铺地。在设计方面与铺石路没有很大的不同。制作采用加工过的石材和填入天然石材。根据天然石能填入大小的不同，如鹅卵石大小、小碎石大小等，都会带来不同的效果。比起加工过的石头，填入天然石头更显朴素，在其上行走能让人心情放松。（桂离宫庭园／京都府）

●“草”石子铺地

茶室庭院的“草”石子铺地。（妙喜庵／京都府）

7 踏脚石

踏脚石只有日本才有。另一方面石道在中国和欧洲都有。在日本制作踏脚石与室町时代以后茶道的形成同时期，从茶室庭院开始。

踏脚石最初的作用是让人便于行走，即使在雨天地面潮湿也不会让脚沾上泥污。常说踏脚石“六分景，四分实”或“七分景，三分实”，景色和实用的平衡因人而异。在一块块的踏脚石上行走，视线必须注意脚下。通过踏脚石的走向及其处理方式“二三连”、“三四连”、“千鸟（交错连）”等来引导人们身体的走向和视线。希望展现景色的地方，可以将踏脚石朝向那个方向，而下一步要看相反方向的话可以改变踏脚石的朝

●石材种类各异的踏脚石

石头中有山石和河石。山石是表面风化附有青苔的石头，有御影石、安山岩、玄武岩等。河石是绿色的，在河中被水冲刷，绿泥片岩等可以说是其中的代表。通常，踏脚石只采用一种石材做成。桂离宫建造的时候，因为各地献上来的石材很多，踏脚石采用石头的种类也有很多。但是，日本庭园的主旨是制作自然界中的景色，即便使用不同种类的石材，也要遵循石材的统一性。（桂离宫庭园 / 京都府）

●合缝之美

在日本物体与物体之间的空间尤为重要。在设置踏脚石的时候，要注意石头与石头之间的间隙。天然石头有凹凸，相邻的石头要选择凹凸相吻合的石头。石头与石头之间必须近似平行线。这称为“合缝”。石头与石头之间，即使没有石头也要能够让人感到相邻的联系感。这与书法表现一样，要让人感到提笔与落笔间的联系感。这就是所谓的“留白”。“留白”中即使看不到任何东西，但这种潜在的力量会让人感受到物体与物体之间有着关联。（桂离宫庭园 / 京都府）

向。由此即使在局限的庭园里，通过踏脚石的朝向变化也能欣赏到丰富多变的景色，同时又能引导人们行走的方向。石子铺地和石道是为了便于行走，一味地笔直向前，而踏脚石则能够很好地实现引导视线的作用。对于踏脚石来说做好欣赏周围景色和方便行走的实用性之间的平衡是很重要的。

●石子铺地和踏脚石的组合

采用不同石材、不同加工法所组合的踏脚石。（箱根美术馆 神仙乡／神奈川县）

●料石做的踏脚石

料石做的方形踏脚石。（桂离宫庭园／京都府）

●泽飞

可以把人渡到水流对岸的踏脚石叫“泽飞”，到达河岸同一侧的则叫“泽渡”。（小石川后乐园庭园／东京都）

8 台阶

是供人上下行走的建筑物。与铺石路形式“真、行、草”相同，要通往“真”的空间就采用“真”的台阶，通往“行”的空间就采用“行”的台阶，通往“草”的空间就采用“草”的台阶。台阶的形式根据空间的变化来决定。宽度则由空间整体的构成关系以及来访人数来决定。

“真”的台阶踢面采用料石，踏面也使用料石。“行”踢面采用料石，踏面使用天然石。“草”虽然全部使用天然石的情况比较多，但也有使用圆木的情况。另外，使用自然石时，踢面的平面处理平整，与“行”相近。

台阶与苑路、铺石路、石子铺地等相互连接处关系紧密，所以台阶的制作形式、构造、宽度等制作时不能单独考虑。

●“真”台阶

踢面使用料石，踏面也使用料石，较为严谨的“真”台阶。（高台寺参道 / 京都府）

●“行”台阶

缘石和中间部分采用料石、缝隙间填入天然石的“行”台阶。（光悦寺参道 / 京都府）

●“行”台阶

只在踢面采用料石、其他部分均铺设天然石的“行”台阶。（法然院参道 / 京都府）

●“行”台阶

虽然使用天然石，但因为踢面一面处理平整了，还是属于“行”台阶。（诗仙堂／京都府）

●“草”台阶

使用木头兼作挡土用的台阶。不用石头，更显“朴素”的“草”台阶。（高台寺／京都府）

●“草”台阶

使用天然石，因为踢面未处理平整，故能称为“草”台阶。（箱根美术馆 神仙乡／神奈川县）

9 石砌、挡土墙

石砌、挡土墙，是用来在地面有高低落差的地方挡住泥土防止崩塌。挡土墙制作使用的材料有石头、竹子、木材等，根据不同的制作方法所营造的氛围也不同。用什么样的方法来完成，必须由所在的空间来决定。使用石头制作的情况较多，石头的加工度越高空间越显得严谨。二条城的石砌和皇宫的石砌加工度都非常高，堆砌方法也很规整，显示出秩序井然的氛围，此为“真”。采用有棱角的石头只加工必须加工的部分，其余使用天然石，则为“行”。堆积方法是在将石头面与面相合，再根据情况进行加工再堆积起来。“真”和“行”用“石砌”，“草”则用“石组”来挡土。“崩塌砌”是将石头和石头互相咬合，再在其上继续咬合下一块石

●“真”的整然有序的石砌

“真”石砌。用在石砌上的石头全部加工过的。（二条城／京都府）

●使用天然石的野面积

“行”石砌。面整齐处理的天然石“野面砌”。（建功寺／神奈川县）

●石材再利用的石砌

“行”石砌。石砌中填入废弃石材，保留其石材原有痕迹，根据场合进行设计处理。（东本愿寺涉成园庭园／京都府）

头。堆积的同时石头会向后方不断倒退，在石头和石头之间产生孔洞，这些空洞能够栽培植物，所以给人以天然的印象。面整齐处理的天然石堆积称为“野面砌”，石砌面通过加工称为“加工石砌”。虽说最基本的用途是挡土，但庭园中的挡土墙，外观面貌根据设计变化完全不同。

●接近“草”的石砌

“草”石砌。由于不同大小石头的堆积，而产生趣味的缝隙。（南禅寺／京都府）

●由木桩制作的简易挡土墙

木桩作为挡土墙。比起石砌更具安稳平和的氛围，与周围环境融为一体。（小石川后乐园庭园／东京都）

●最朴素的篱笆挡土墙

篱笆挡土墙。最朴素充满安逸氛围的挡土墙，使用竹条、细竹棍或树枝。由于篱笆挡土墙使用素材较易腐烂损坏，有时需配合植物的根部生长挡住泥土。（莲胜寺／神奈川县）

●使用天然石的崩塌砌

崩塌砌属于“草”石砌。仿效山石崩塌后掉落的石头，被下面的石头所支撑，构成稳定的形态，是最为坚固的挡土墙。土的重量和地震等的摇晃反而会使石头和石头之间的咬合更加紧密。最近，经常看到有人使用混凝土稳固石组来制作崩塌砌，这是完全错误的，不应该效仿这种做法。（建功寺／神奈川县）

10 石组

基本上来讲将石头以两块以上的组合便称为石组。一块石头的话肯定不能说组合，只能说“安置”石头。从制作庭园的步骤出发，先根据地面分割来决定池、山、苑路等的范围。这样，在规划范围中主要部分所占的比例就定下来了，在其上安置石组或者是石头，形成庭园整体的框架。根据石头的数量、石头的组合方式及石头的安置方法，庭园的氛围会截然不同。如果将庭园比作人体的话，石组则是人身体的骨架。强有力、冷静、平稳、潇洒——庭园的种种表情，说是全因石组的变化而变化也不为

●二石组

石组的一部分。石头大致可以分为“立石”和“伏石”两大类。立石就像字面意义一样，指立起来的石头，伏石则是指睡觉一样趴在地上的石头。“立石”和“伏石”是用于石头分类的说法，而并非石头的名字。照片中的石组，在立石的底部垂直的位置设置伏石，形成互补。（南禅寺方丈庭园／京都府）

●石庭

石组在日本是以奇数来进行组合。奇数中3、5、7、15可以称为吉祥数（吉利的数字）。偶数因为都可以被整除，在日本不受欢迎。完美既有了终点，能够被整除的偶数会让人感到有结束的那一刻。而奇数则会让人想象未来还会不会有什么事发生，故事并没有结束。（龙源院庭园／京都府）

●石庭和植栽组成的庭园

在制作石组时，需要考虑到之后植栽的位置。场地的观察，对于造园来说十分重要，比如说在图纸上就无法看出周边树木的形状和在那个场地站立时天空以多大的比例进入视野等，只有在现场才能得到这些信息。将周围的环境作为全部条件添加之后，再安置石头、种植树木。（南禅寺本坊庭园／京都府）

言过。

石头组合后便是最终的形态。植物种植后通过生长变化融入周围环境，但石头并不是这样。拙劣的组合也好，绝妙的组合也好，一旦安置好都会在那儿数百年不变。在头脑中想好石组的构图并安其置放，与此同时也须观察现场的景色是否需要再加上必要的石头。因为要站在现场与空间对话，所以不能只是一味地依据图纸。日本庭园光按照图纸来造是绝对不行的。石头组合及安置时，要和每一块石头进行对话，有时石头会告诉我们它希望安置的地方。这种人与自然的对话在日本庭园建造中比什么都来得重要。

●舍石

“舍石”指的是散落四处孤零零放置的石头。“舍石”常被安置在成为景色中重点的地方。通常以姿态、形状美丽的石头作为“舍石”使用。（寂光院庭园／京都府）

●沓脱石

沓脱石指的是上下建筑物时，为了脱鞋或穿鞋方便所使用的石头。通常坐在建筑边缘将脚置于沓脱石上的时候，膝盖的角度比水平稍微再向上高一点儿，以这样的高度进行设置比较好。（桂离宫庭园 月波楼入口／京都府）

●舟石

舟石是一种具有象征性的石头。舟石模仿的是来往于神仙岛的小舟。出航的小舟安置得较高，归途的小舟因为要表现出载满重荷的样子所以安置得较低。（大仙院庭院／京都府）

11 白砂

白砂最初是因为在禅寺内为了环境更显洁净而使用，此后时代变迁发展形成了各种各样的形态。初期的禅寺，建筑物周围必定每天要用扫帚清扫干净。这在禅里称为“作务”，扫除也被视为是一种重要的修行，即使到现在也是一样。每天清扫不能让叶子落在地上，将地面清扫干净等同于将自己的心境也清扫干净。

京都的泥土称为花岗土，是由花岗岩风化而成，颜色偏米色。花岗土清扫后都会带着扫帚清扫的痕迹。此后，京都市内开始大量采集天然的白河砂，白河砂比花岗土白，更显洁净，而且比起花岗土排水也更好，广泛适用于庭园。白河沙比泥土颗粒大，用大的竹扫帚扫也不会产生清扫的痕迹，为制作砂纹要用耙子（白砂

●盛砂

将白砂堆积，让整个场地显得清静。料理店前的玄关处常用盐来代替制作盛砂。（大仙院庭园／京都府）

●描绘花纹的砂坛

寺门入口处左右置有砂坛。通过描绘的花纹可以得知主持的心境。（法然院庭园／京都府）

●银沙滩和向月台

构思独特的庭园。此庭园的主题是“赏月”。在夜晚为了让月光在白砂的反射下柔和地进入建筑物中，将庭园大面积铺满白沙。镰仓室町时期以后，这样构思独特的白砂使用变得越来越多了。（慈照寺银阁庭园／京都府）

专用的耙子）来留下清扫的痕迹。

禅文化从镰仓时代传进来，在室町时代达到了顶峰，到了江户初期衰退。对于日本文化来说，禅宗是影响力最大的佛教流派。从陶瓷器到庭园、能、画、俳句、武道、茶等都蕴含着禅所带来的思考方式及禅的美学。禅在日本的艺术发展中起到了重要的影响。

●中庭使用的白砂

表现禅宗哲学的庭园。通过白砂来表现开悟的心境。（大仙院庭园 / 京都府）

●砂纹

扫痕产生的砂纹给人以想象的空间。通常庭园外围的砂纹与建筑物平行，有石头的部分围绕石头留下砂纹。此外，砂纹的样式各样有波形和鱼鳞纹等，还有一些庭园每天或一个季度会变换砂纹。（曼殊院庭园 / 京都府）

●近代枯山水

枯山水本来是指不用水的庭园。是用来表现心境且具有象征性的空间，也可以称为“象征山水”。过去，因为禅宗是从中国传过来，故“枯山水”也有叫作“唐山水”。（瑞峰院独坐庭 / 京都府）

12 植栽

植栽本来是在庭园的框架和石组建好的地方添加出来的东西，装饰、补充风景。只用石组就能形成完美风景的话固然是最好的，但往往很难做到。完美的石组，需选出恰到好处的石头进行恰到好处的组合。减分的部分要用草木进行补救，从而构成庭园的风景。另外，也有将植栽作为主要框架来构成庭园的情况或折中的处理情况，总之植栽在营造庭园氛围中起到了很大的作用。

与花道所说的“天、地、人”或之前提到的“真、行、草”相同，植栽也要根据空间气氛整体平衡地进行种植。比如“真”的树木，要与石头、山的形状、池取得平衡，根据其

●作为真木的松树

作为真木的松树。构成庭园的骨架。（曼殊院庭园／京都府）

●以植栽为骨架的庭园

代替石组由植栽构成骨架。因为背后都是绿树，只用石组的话围墙会显得生硬。如果使用石组的话，则需种植让围墙看起来柔和的植栽。（真传寺庭园／京都府）

●雅致的植栽

穿过树叶的缝隙可以看到后面的景色。但看不到景色的全部，若隐若现带来风雅趣味。（慈照寺银阁庭园／京都府）

关系来决定种植的场所和树木的高低、枝展等。

种植树木的时候并不是单单的种入泥土就好，要与树木进行对话，聆听树木的心声。此后种植的方向、角度等树木会告诉你答案。

日本庭园里的植栽和西方庭园里的植栽有着很大差异。西方庭园的植栽通过修剪给予树木全新的面貌。日本庭园的植栽则重视将每棵树所具有的特征如何进一步继续发挥出来。如果是弯曲的话就让它继续弯曲，使用时注重展示出那棵树最好的形态。探究以什么样的氛围来进行使用是重要的。尊重树木的个性就是聆听树木的“木心”，以现有的姿态引出其最大的优点。在日本美学文化及价值观中这种表现形式也尤为突出。

●桥旁的树木

桥旁的树木。桥附近只要有树就能取得空间上的平衡。连接陆地与岛的桥割断了绿色空间。而利用桥旁边的树木，使空间具有关联性。（新渡户庭园／加拿大）

●植栽的阴影

映在障子上的树影和栏间的光。由于植栽，居于室内也能间接感受到光和风。（高桐院　书院茶室风来／京都府）

●灵动的树木

在瀑布上增添枫树，利用瀑布落下的能量带动空气的流动让树枝微微颤动，让人感受到那儿的动感。因为枫树的叶子通透轻盈且容易颤动，加上在自然界中也是生于近水处，能够产生深山的氛围。此外，灯笼点上火时，只要在它前面有树，叶子摇摆、火光微微跳动也能构成一景。（京都府公馆／京都府）

●按照自然风格修剪的树木

按照自然风格修剪的树木。庭园中的树木要修剪到能够感受到树干和树枝的程度，叶子长得繁密杂乱则没有了风情。作为庭园用树大多经过修剪，即使按照自然风格处理的树木也是要修剪的，但自然风格的修剪体现在看不出人为修剪的痕迹。（南禅寺／京都府）

13 地被

日本庭园代表性的地被是青苔。日本湿度高、水的条件优越，青苔比较容易生长，在庭园中青苔的种植凸显了日本地理气候潮湿的氛围。种植青苔和种植草坪的氛围截然不同。如在炎热的季节，青苔会让人感到神清气爽，心情也会随之变好，而草坪则会给人干燥的印象。

在日本庭园中如果是允许种植青苔的地方，青苔无疑是最佳的选择。京都是盆地，夏天湿度非常高。土地是花岗土排水性也非常好，空气湿度高，利于青苔生长。青苔不是从根部吸水而是从叶子吸水，空气湿度高的地方是最理想的种植场所。

●青苔的庭园

由于庭园中覆盖着120种青苔而被称为“苔寺”。（西芳寺庭园／京都府）

●青苔和石头构成的景观

构思设计青苔的生长范围形成图形化。（东福寺庭园／京都府）

●草坪的庭园

草坪虽然从自古开始使用，但使用最多的是大名式的池泉回游式庭园。（东本愿寺涉成园庭园／京都府）

14 假山

假山和池在形成庭园的骨架上起到重要的作用。特别是古时候因为泥土搬运非常困难，挖掘池塘后就开始用这些土在庭园中进行处理。这样一来与挖掘相对的是会产生小丘。现在来说，为了进行余土处理和制作景观，在有池塘的庭园必定会建造假山。

由于建造假山，一定面积的地面发生变化，反而使人感到庭园被扩大了。庭园产生了遮挡视野的部分，让人想象在那儿到底会是怎么样。池水转到假山的里面，也会让人联想池水源头到底在什么地方。这样一来，便使得庭园产生了风雅趣味，勾起欣赏者的想象空间。日本庭园是要制作一个包围起来的空间或是要确保一个独立的空间，为此假山的制作也起到重要的效果。

建造假山就是要在那儿建造一个高地。由苑路等将人引到假山，可以做出庭园中较高位置的观赏点，纵览全部庭园。在回游式庭园建造假山会由阶梯等将人引上引下。这在桂离宫也经常能够看到。

●被倭竹覆盖的假山

双子假山被倭竹覆盖，跟前是广阔的莲池。（小石川后乐园庭园　小庐山／东京都）

●用池塘挖掘的土做成的假山

由于假山垫高了场地，利用这点制作了瀑布。瀑布成为池塘的水源，同时也成为景观中心。利用假山的高低落差来进行瀑布石头的组合。（艺术湖高尔夫俱乐部／大阪府）

15 围墙、篱笆

分隔空间时使用围墙和篱笆。除用于隔开用地内和用地外，在用地内变换A空间和B空间的气氛时也会使用。围墙有很多种类，有筑地围墙、板壁、竹篱笆、树篱笆等。

分隔的种类根据气氛的切换而发生变化。生硬的分隔是有力的切换，常用于用地外和用地内之间。这样形

●木造涂土做成的围墙

木造的基础上涂土做成的围墙。不完全隔断的设计，能够使围墙两侧的空间依然有联系。（天龙寺／京都府）

●高树篱笆和银阁寺篱笆的组合

高树篱笆和银阁寺篱笆的组合。树篱笆最大的特征是有季节变化。具有其他围墙和竹篱笆所没有的丰富性，会发新芽、开花和落叶。不足之处是每年都需要管理。此外，因为树篱笆即使高也不会产生压迫感，在狭小的空间里效果非常突出。土围墙和竹篱笆升高的话会伴有危险性，也会产生生硬的压迫感，而树篱笆的绿色却能给人格外柔和的印象。（慈照寺／京都府）

●筑地围墙

筑地围墙。主要以泥土建造而成。（鹿苑寺／京都府）

式的切换，常使用筑地围墙。即使在用地内，在庭园和参拜场所这样空间性质明显有差异的场合，也使用强有力的分隔。围墙的高度和大小，根据所在空间的存在方式而发生变化。以什么样的意图来做什么样的切换要根据内容来决定。用地内比较常用的是树篱笆和竹篱笆等。所谓分隔，就是明确地使空间发生变化并兼具有风景设计的作用。

●竹篱笆（南禅寺篱笆）

南禅寺篱笆。篱笆使用竹子和树枝制作而成。竹篱笆分为遮蔽空间时没有缝隙和透过缝隙能看到对面这两种。竹篱笆因为外观印象较轻，常用于用地内空间的轻微切换。遮蔽没有缝隙的有建仁寺篱笆、大德寺篱笆、木贼篱笆、沼津篱笆等，能透过缝隙看到对面的篱笆有金阁寺篱笆、龙安寺篱笆、光悦寺篱笆等，还有简单的有鱼字篱笆、四目篱笆等简易的分隔。（南禅寺／京都府）

●竹篱笆（光悦寺篱笆）

光悦寺篱笆。竹篱笆，由于竹子本身是植物，砍伐后能够维持6到10年，所以应该考虑到这一点进行设置。竹穗围墙附屋顶的话可以维持15年左右。竹篱笆如果损坏可以只取出那个部分进行替换继续使用。比起全部重新替换，局部修理能维持时间更久。竹子的穗和胡枝子能够维持较长时间。（光悦寺／京都府）

●龙安寺篱笆

将厚竹片叠成菱形，夹在上下圆竹之中。（龙安寺／京都府）

●鱼字篱笆

交错组合竹材的鱼字篱笆。（小石川后乐园庭园／东京都）

16 门、扉

门有好几种形态，从用地的入口进入里面时要达到轻松、让人卸下紧张的效果。正门则要向外部显示威严。门是切换空间用的，那里也是出入口。当门转动时，明示着空间要发生显著变化。另一方面，也是管理人员进出的关卡。

门的形状，依据周围空间的存在方式而变化。内部是坚硬性格的地方，门也要与之契合，如果是宽松的环境，门也要朴素，要和空间呼应再作决定。关于屋顶的材料和柱子的材料，瓦结构坚固，比起瓦来铜板要稍微柔和一点，比起铜板茅葺①更加柔和。比起茅葺稍硬一点儿的有柿葺和桧皮葺②，根据材料的不同氛围和格式也会发生变化。

在日本，建筑物和门的比例要与日本人相符，对于个高国家的人们，最好改变一下门的尺寸。那时，不光要改变高度，为了保持门的比例，还要调整柱间距离。要调查那个国家的人的平均身高，以此为目标决定高度，也要从那儿倒推柱间的尺寸。

●庭园内的瓦房顶门

使用瓦作的屋顶，改变空间进行切换的门。从平底部的池泉庭园切换至山畔上的枯山水庭园，称为“向上关”的门。（西芳寺庭园／京都府）

●庭园内的茅葺房顶门

中门。不知是不是因为是大殿的入口，门柱采用桧树圆木，其前后有四根控柱，采用四脚门的形式，规格很高。屋顶采用切妻造的茅葺，加上杉树木板做成的双开门扉。右侧的乌樟篱笆，是近年从竹篱笆改造为乌樟篱笆的，一直持续到右侧的御庭门。（桂离宫庭园／京都府）

---

① 茅葺：茅草制作的屋顶。（译注）

② 桧皮葺：桧木皮制作的屋顶。（译注）

●冠木门

冠木门（现不存在）。门中最简约化的一种形式，没有屋顶，左右的柱子由冠木连接在一起。柱头为了防止腐蚀，附有称为兜巾的铜制金属装饰品。（永观堂 / 京都府）

●重视作为景观的门

须弯头进入，是作为景色的门，可以进行空间的朴素替换。（高桐院　隐寮的中门 / 京都府）

●悬挂式簀扉

悬挂式簀扉。将圆竹弯曲做框，将竹条从表面编成菱形等，茶道庭园独特的门扉。从左右圆柱上方架着的圆竹棒吊下来，有茶事的时候，用一根竹棒将门推向上支撑着。（里千家露地 / 京都府）

●枝折扉

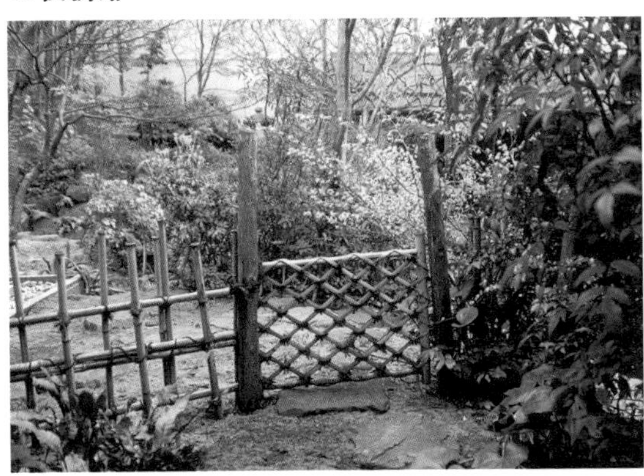

枝折扉。对竹篱笆来说经常会用到。照片称为西明寺型枝折扉，割开竹子削薄编织而成。枝折户主要用于进入露地的入口，庭园的小型切换等。用处与寺庙的山门和神社的鸟居一样。在庭园，不光只有枝折户，还有好几种门。枝折扉是其中一种，是最为轻便、带着乡土气的出入口。（京都府公馆 / 京都府）

17 建筑物

决定建筑物的配置时，要考虑从哪儿看景色会比较好，规划好景点，从中出发进行设定。要考虑，建筑物怎样看起来才美，怎样才能融入背景；还要考虑的是建筑物和成为周围背景的空间的大小要达到平衡。屋顶的高低、屋檐的深浅、地板的高低都会有影响。也就是说，广阔空间的话建筑物大一点儿也行，狭小空间的话建筑物不小一点儿就会不相称。这样一来，从用地的面积就能自动导出建筑物的比例。不采用从用地面积出

●适应景色的建筑物

池泉回游式庭院中，因为庭院面积广阔，一定必须有休息的场所。这里有茶屋、有亭子、有稍大一点儿的茶室（数寄屋），根据使用目的而配置建筑物。这里要将包含建筑物的周围空间作为一个整体来考量，从而规划建筑物。（桂离宫庭园　书院／京都府）

●静静伫立的亭子

像隐于树木之间一样静静伫立的亭子。（白沙村庄／京都府）

●融入景色的建筑物

注重与背后的山保持平衡，展示出山麓环抱建筑物的悠闲趣味。（三溪园庭园／神奈川县）

发来决定建筑物最大值的算定方法的话，就会导致比例失调。

当然，从建筑物内看到庭园是重要的要点，屋檐和地板的线条、屋檐和拉窗横带的线条、开口部分的开口方式等也有各式各样。即使是让人观看的方式也有变化，比如说这里是海的景色，这里是山的景色。作为欣赏庭园的建筑物，客人们面对而坐的时候，各自能够看到的景色不同，此后通过位子的互换又能看到不同的景色。建筑的朝向、高低、配置应该在考虑了与庭园的关系之后再作决定。

●给人以朴素印象的等候处座位

亭子和茶屋的柱子使用倒角、带皮的圆木、锈圆木等。有与这样的氛围相吻合、具备顶棚的情况，也有没有顶棚、屋顶内侧能够直接看到房梁的情况。房梁可以是竹子之类的，屋顶内侧有时铺着芦苇粗席，有时铺着杉皮。屋顶则盖着瓦、铜板葺①、茅葺或柿葺。（桂离宫庭园　外腰挂／京都府）

●截取景色的窗户

一步踏进建筑物当中，外部的繁茂植栽也像画一样被截取了。应该考虑建筑物的开口部和景色的关系，此为重要事项。（芬陀院／京都府）

●取景的开口部

回游庭院的情况下，对于建筑物的形状、大小和朝向要足脑筋，必须慎重地进行设计从建筑物内部如何获取外面的景色。（桂离宫庭园　月波楼／京都府）

① 铜板葺：铜板制作的屋顶。（译注）

18 手水钵

手水钵和石灯笼，包括其他石头雕刻都可以称作石头艺术品，在庭院中被称为添景物。其中手水钵有两种，站着使用的“站立手水钵”，另一种是蹲着使用的，称为“蹲踞手水钵”。

手水钵有各种各样的形状，天然型指的是只在天然的石头上面进行加工挖出水穴。加工模样的有“钱形”、“银阁寺形”、“圆柱形”、“方柱形”等多个种类。有时候也用坏了

●设置在窄走廊的手水钵

檐头手水钵。设置于屋檐下窄走廊的手水钵，古时候的用途是如厕之后用勺子舀水洗手。虽然原本用途是从这里开始的，但现在基本上是作为装饰了。更极端的使用方法是为了欣赏月亮倒映在手水钵的水中。这种情况，因为手水钵出了屋檐外侧，手无法触及。用于倒映月亮的手水钵，只是作为设计的使用方法。（三千院／京都府）

●加工天然石头的手水钵

袖形手水钵。天然石头的两腋就像振袖一样产生褶子的珍稀形状。（成就院／京都府）

●加工手水钵

龙安寺形手水钵。刻着本歌“吾唯足知”。手水钵都是石头雕刻和美术品，大概全都有让人欣赏的理由，作为庭院的构成要素也是非常重要的。（龙安寺／京都府）

的灯笼的伞部位，使用桥的桥脚废材来雕刻成水钵，以各种材料组成的手水钵各式各样。

蹲踞手水钵设置于露地是其本来的使用方法。其意义与其他手水钵一样，是让使用者洗涤身心。露地是为进入茶席而做思想准备和身体准备的地方。正如千利休所说的“茶室是清静无垢的佛国土”一样，去那儿之前必须先洗涤心灵。蹲踞手水钵的考量是如果不特意蹲下的话就不能使用，入席者蹲下使用水，调整思想，洗涤身体。

●利用天然石的蹲踞手水钵

天然石手水钵。蹲踞也好手水钵也好都有着功能性的用石。有蹲下使用时站立的前石，晚上放灯用的手烛石，冬天寒冷时期用来放置倒热水用木桶的汤桶石。役石的放置方法根据茶道的流派而不同。里千家手烛石在右汤捅石在左，表千家和武者小路千家则是相反位置。所以要事先询问什么样的人来使用再进行设置。（落柿舍 / 京都府）

●设置于水边的蹲踞手水钵

蹲踞根据其形状使用方法有所不同，分为中钵、向钵和流水等。使用加工材料的是中蹲踞。通常蹲踞是从踏脚石碓里最后再稍微抬高的，但是也有反过来降低的，称为下蹲踞。手水钵要想达到什么样的氛围是需要别具匠心的设计的。（桂离宫庭园 / 京都府）

●社寺形手水钵

社寺形手水钵。进入神社佛阁时洗涤身心的手水钵。社寺佛阁的手水钵为了能让很多人使用所以做得很大。此外，为了不让树叶落入往往附带屋顶。因为这是用作清洁的水，担心被弄脏。（小石川后乐园庭院 / 东京都）

19 灯笼

灯笼的作用，其一便是在夜里点亮的时候，微微的灯光可以让人感受到庭园的空间，这是庭园中另一个重点。与手水钵一样是作为艺术品而存在于庭园之中，作为目光的聚焦点，相应地提升庭院的品格。

灯笼有各种各样的形状，例如在露地为了照明落脚处的灯位置很低，多用下面无台的插入形。灯笼的大小从小到大有：雪见灯笼、春日灯笼、织部灯笼、莲花寺形灯笼等各式各样。挑选时要选择与场地最合适的灯笼，再进行创作和制造。

选择与庭园相适应灯笼的标准是，小型灯笼选择放置形或插入形。周围的树木和石头很大时，选择轻轻挂着的树枝怀里的大型灯笼比较好。要从与周围的平衡以及从建筑物内部看时所建构的框架构图出发，来推断什么样的东西最合适。即使在同样的构图中，场所不一样，适合的大小也不尽相同。较远的灯笼应该稍微大一

●岬灯笼

设置于洲浜前端的灯笼。洲浜的扭曲形状会给小灯笼带来变化。虽然多数庭园使用这种灯笼的复制品，但如果不花时间研究桂离宫这样的背景做法和灯笼放置场所的构成的话，看上去不会好。今年被替换的桂离宫的这个灯笼，绝不能说是优秀的东西。（桂离宫庭园／京都府）

●寸松庵灯笼

放置形灯笼，主体仅由笠和火袋构成。生长青苔的话，会别具风情，因为在随风微微颤动下，灯笼会进一步融入周围的环境。（龙安寺／京都府）

●三角灯笼

放置于对着桂离宫笑意轩的踏脚石腋下的三角形带脚灯笼，也被称为“三角雪见”的特征明显的形态。高度88cm，笠采用白川石，火袋、中台和脚的部分是由丰岛石构成。（桂离宫庭园／京都府）

点儿，较近的灯笼则适合小一点儿。

以灯笼为首的石造艺术品，从镰仓时代到南北朝时期的东西最美。强而有力，凿痕粗糙，具备不矫揉造作的朴素和温婉。江户时代以后因为技术和工具都发达了，形状变得华美反而太过了。近年即使是在日本，好的灯笼已经很难入手了。即使在京都也只是有限的几个地方有。设置无品的灯笼的话，即使是好的庭园也会使庭园的品格降低，所以如果要使用奇怪灯笼的话，最好不要使用来得比较妥当。

●龙安寺形灯笼

大致上能够被称为原创的灯笼都可以称作“本歌”。龙安寺形本歌就位于龙安寺，其他都是仿效做出的东西。龙安寺形灯笼，火袋大而稳重，是六角型的灯笼。（龙安寺／京都府）

●织部灯笼

这种织部灯笼，不仅是照明苑路用，也兼作引导露地门的作用。在桂离宫同样形状的东西虽然在这里另外六处可以看到，这是唯一在伞部有照明的。（桂离宫庭园／京都府）

●织部灯笼

“织部”指的是古田织部，织部是花工夫想出来的设计，或者是根据个人喜好使用的灯笼。没有基础部分，采取竿的部分直接插入地面的方式。曼殊院的织部灯笼具有竿和宝珠的独特形态。（曼殊院庭园／京都府）

第4章

制作方法

制作方法

1 在海外制作日本庭园的方法

从工程的发起到完成的全过程

在海外制作日本庭园需要巨大的能量以及努力和耐性。单纯只考虑作业的话，也需要在国内制作时的两倍到三倍的工时。如果在国内的话，日本文化和审美意识等多为国民共通，不需要重新解释，但在海外，首先，基于日本固有文化的想法和审美意识、价值观等都不一定被那个情况下现场的人所理解，这种作业需要相当长的时间。但是，在直到庭园完成的过程中，还有在完成后考虑到对于访问庭园的人们会产生真正文化交流的意义时，其作用意义深远巨大到无法估量的程度。考虑到在文化层面承担国际交流意义的重要作用时，幸运得到那种机会的人，必须先要充分认识到那种作用的重大再认真地进行制作。那样的思想准备比什么都要重要。

这里展示的是在海外的日本庭园建造的过程，展示的是极为普通的流程，不一定符合全部的情况。并不是说不符合的情况越多就越好。工程各自条件不同，流程也不同。原因是因为并没有两个条件完全一样的工程。因此在实际情况中，要一边在头脑中描绘这里所说的大致流程，一边决定如何对应每个不同的案例。

① 基本方针的决定

是强化庭园建设主题倾向的阶段，组成“日本庭园建设委员会”等组织，来进行意见调整，依次决定建设预算等基本方针。

基本方针的项目

- 建设地、规模、预算、预计何时竣工。
- 是否建设庭园以外的设施（茶室等）。
- 庭园开放的时候，收费还是免费开放。竣工后的管理体系如何架构。
- 建设资金的证明资料

  全资定做方是否能够准备建设费。

  是否在当地集资。集资的话，其方法及日期。

  其他，日本政府机关和民间企业是否也进行资助。

“日本庭园建设委员会”的构成人员

- 亲日家代表（当地日本相关团体的代表等）
- 如果有可能的话，日本政府相关者
- 委托人（定做者团体等的相关者）。
- 当地专家（进行实现风景的人：造园家、顾问等）。
- 当地的有识之士（对于日本庭园有很深认识的人：大学教授等）。

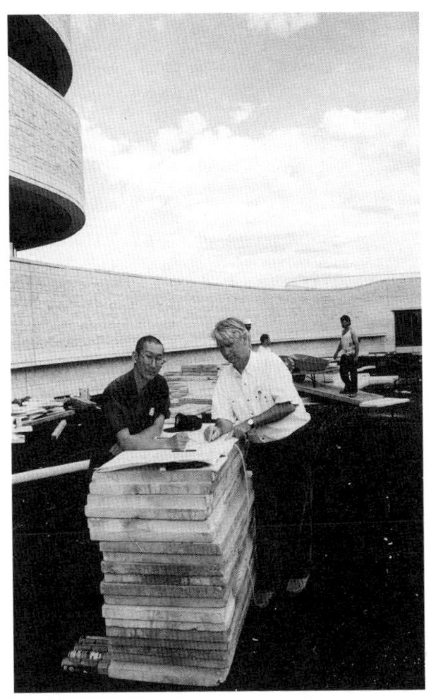

设计一开始，就要根据需要在设计师和当地顾问之间进行技术性的商谈。通常用电子邮件或传真互相交换意见，但在去当地时，要一起对着图纸和现场进行详细的商谈。照片是工程开工时，在现场设计师（左）与当地顾问（右）正在进行技术上的商谈。特别是在人工地基上进行规划时，必须要考虑到荷重问题。

② 决定定做者（委托人）的责任部署及组织

例如：国家和州政府等情况下为公园局等。

③ 决定当地顾问

由当地一方决定值得信赖的当地顾问（帮助谋求解决法律上的问题）。

④ 选定日本设计师

由定做者（以及委员会）来选定从事创意设计监理的日本设计师。在这个时候，要找出符合定做者条件的人，可以选择指名的方式。在选定设计师时，要全方位综合考量其过去的作品以及在海外的实绩等，选定有实力的人。

选定设计师的方法，可以考虑进行竞标的方式。但是在设计日本庭园时，设计师要实地访问用地，深入读取那个环境，再用身体牢牢把握住从那儿感受到的东西，在开始设计之前这比什么都要重要。因此，像竞标那样仅从照片和文章的信息出发来进行设计提案的方法对于日本庭园并不适合。

⑤ 设计监理费等的交涉

到了庭园设计师已经决定的阶段，委托人来日本向设计师传达委托方的要求等，进行设计监理费等的交涉（通常，合同用英文由定做者一方准备）。这时，委托人将相关资料交给设计师。

由委托方向设计师递交的主要资料

- 标注等高线的现状图（图全部为CAD图）
- 现状的照片（包括从用地内看到的全方位以及从周围看到的用地）
- 当地附近的地图、当地的信息等
- 其他认为是必要的一切信息

※和海外联络，现在用电子邮件交换意见比较普遍。CAD图由

于可以进行数据上的交换，图纸更新也比较容易，所以最适用于海外工程。

⑥ 预定建设地的视察以及与相关者的商谈

设计师视察预定建设地，以及与相关者商谈。同时，访问植物园和公园，有可能的话也访问苗圃等地，查明适用于日本庭园的当地材料和其入手的可能性等。另外，视察材料业者等，确认在当地材料调配的可能性。关于石头，视察当地使用的案例，如果有合适的材料，要确认其产地。

委托者、日本设计师、日方施工公司、当地顾问、当地施工公司、口译兼协调人围绕工程进行详细商谈。

⑦ 由设计师提示基本方案（说明会）

图纸等用日语和英语一并标记。在当地说明基本方案后，再次进行符合工程使用的石头和树木的入手可能性的调查。到了这一阶段，由设计师推荐两家日方施工公司。此时，要向委托方提供日方施工公司的技术能力

设计师为说明会而制作的模型。模型在向委托者说明计划时是必不可少的。

和在海外的实绩等相关资料，由委托方来进行日方施工公司的研讨工作。这个时机内定日方施工公司对于及时推进海外工程来说最佳。

⑧ 工程概算的计算

当基本方案被接受了的时候，基于基本方案，算出当地一方工程和日方工程的工程概算。日方由日方技术者算出施工部分的工程概算（当地调配的材料费，当然由当地一方算出）。另外，日本设计师在与当地顾问用电子邮件等进行交换包括设备的技术性调整意见的同时，与定做者一起进行设计调整及变更，把概算控制在预算之内，确认最终方案。

⑨ 实施图纸的制作

到了在某种程度上可以预见计划实现的阶段，设计师做成实施图纸（日语与英语一同标记）。那时，要根据需要与当地顾问用电子邮件等来进行技术性调整。

⑩ 实施图纸的递交

日本设计师向委托者递交实施图纸（与CAD数据一起）。

⑪ 实施图纸的确认及修正

当地顾问进行实施图纸的确认、依据当地法规的修正。修正时，计划发生变更的情况，当地顾问要与设计者讨论变更方针。在实施图纸完成的时候，进行最终合计计算。

⑫ 日方施工公司工程范围及条件的决定

决定日方施工合作公司的工程范围及条件。

在当地工作的日本技术人员需要特殊签证及许可证的时候，定做者要预先受到相关机关的认可，事前准备好接纳姿态。另外，日方施工公司要从日本运输工具等时，到该国有产生税金的情况，那样的问题也需要事先由定做者来解决。

⑬ 国内外施工公司的最终决定

最终决定日方施工公司。

此前，决定当地施工公司的投标等，在日方施工公司进入当地前要先完成当地工程。

当地施工公司的工程内容包括：平整工程、混凝土等的躯体工程，电气工程、设备工程等。

⑭ 材料的选定

选定作为日本庭园骨架的石头及主要的树木。这个时候，设计师和日方施工公司的代表人员同去。因为要运输石头及调整搬运手段，与当地施工公司的负责人同去的话会更好。

石头和树木不要委托施工公司采购，为了削减经费降低建设成本直接由委托方采购。

进行石材检查。从左开始为当地施工负责人、当地顾问、日方施工负责人、设计师（作者）。

⑮ 由设计师进行现场监理

设计师直接进行石组和植栽等的指导。在日本庭园制作时，这部分是最为重要的工作。设计师为了将自己的意图传达到每个角落，一定必须亲临主要部分的施工现场，进行指导。实际上，因为整个工程期间都待在当地是不可能的，所以要根据不同的工程来决定访问的时机、时间段和次数。为了让不在场的工作不停滞地推进，与驻扎当地的日本施工人员要充分进行想法上的沟通，建立信赖关系。

在现场的设计师、日方施工人员、当地施工人员、工程负责人的纪念合影。

⑯ 运营方针的决定

由委托方讨论决定完成后的庭园的运营方针等。

例如：守护完成庭园的志愿者组织的设立准备；
由委托方为开园进行的宣传手册制作等准备；
为确立管理形式进行的准备；
为开园仪式进行的企划准备等。

⑰ 竣工

先由设计师进行竣工检查，其后由委托者进行竣工检查。

⑱ 由设计师进行管理手册的制作

设计师完成为了维持庭园的管理方法的手册制作，递交给委托者。在海外特别重要的是要正确地传达树木的照料方法和构造物的修补方法等。

⑲ 志愿者组织的活动开始

深化成员交流的同时，开展各种各样的企划。

【其他注意事项】

庭园管理者的技术学习

进行庭园竣工后管理的人最好与日本施工人员一起参加工程学习技术。另外，如果时间、预算允许的话，可以到京都进行日本庭园管理研修。会对竣工后的管理业务起到非常重要的作用。

材料

因为要尽可能地控制好工程费用，材料如果在当地实在找不到合适的话要依据最小限度的需要（灯笼、篱笆材料等）从日本调拨。其他原则上全部都采用当地调配。

日方施工人员的住宿设施

日本技术人员在当地施工时，委托方需要在离现场较近的地方准备好住宿设施。住宿设施为独立房屋或者是公寓采用一个人一个房间的形式，希望尽可能是离工程现场步行能够到达的距离。伙食需要配备会做日本菜的人（午饭为送到现场的配送便当，晚饭由做饭的人把饭做好送到宿舍）。每天都是在泥中工作，在宿舍需要配备大型的洗衣机。另外，工程长期化的情况，日常生活中的必需品需要全部由委托方来预先配置齐备。

日方施工人员的劳动条件

日方施工人员的劳动条件通常为早上八点到晚上五点左右，没有特殊限制的话一般一周工作六天，工程期间长期化的情况等则不受其限制。在当地有严格劳动限制的情况，定做者必须在订立合同前向日方施工公司传达情况。

日方施工人员的保险

关于工程中的保险，定做者和日方施工公司要充分进行商谈，万一发生事故的时候，要确保保险能够适用。

工程用工具的运输

从日本运输工程用工具，因为根据地点用船运的话需要花费两个月左右，委托方需要留意到这一点，制定工程的施工计划。因此要尽早决定日方施工公司，保持充足的时间进行计划，努力做到不要花费不必要的经费。

日本建筑的建设

规划数寄屋等建筑物，材料要从日本运送时，因为在日本国内收集材料也要花费时间，所以在制作时间表时要十分留意。

从数寄屋开始的日本建筑物，不经日本木匠的手依据传统施工方法的话便不可能实现。可是由于某种理由，当地施工公司不得不进行工程的情况，则要求设计监理进行到细微部分。但是，这种情况下，由于追求正宗的日本建筑是不可能的事情，所以要留意建筑设施不要破坏整体的氛围。

日方施工公司的选定

日本施工公司的选定，不受庭园和建筑物的影响，尽可能在较早的阶段由定做者决定下来，这是很重要的。早期决定下来的话，这些施工公司的负责人能够事先进行现场考察，到了真正进入当地时工程能够顺利地展开。日方施工公司在工程开始阶段进展不顺的话，会对后边的工程造成很大影响，与此相连的经费增多。为了能够在工程上马的时候顺畅地进行，在工程真正上马前，负责人细心地做完诸多的调查和所需东西的筹措、洽商等，预先把握当地的状况是重点。也因为这个理由，定做者在稍早的阶段需要预先决定或者内定日方施工公司。

由日本的建筑业者备齐建筑物的材料在日本国内进行加工。

简易仓库和简易办公室

在工程现场，需要有能够收纳工

具的简易仓库和能够进行简单事务处理的简易办公室（集装箱）。重要的是这些不管哪一个都要上锁。

口译兼协调人

在施工时，由在日本有过亲临造园现场经验的当地一方的人作为口译兼协调人来参加工程很重要。最好是在日本有过长时间施工经验的人，不过他主要的作用是解决日本人施工者和当地方面之间由于言词和习惯的差异而造成的障碍，在现场让意见沟通顺畅。

口译兼协调人。代替设计师与当地业者进行各种交涉。

2 工程的流程

普通日本庭园工程的情况

① 确定用地的界线

如果被限定的用地全部用于制作庭园的话则不需要进行这项步骤。

在大型公园等里面的一角制作日本庭园时，因为相对而言自由度高，所以要从图纸落到实地设定一次，打临时桩子、划线等，实际确认周围的条件和氛围与计划的内容是不是协调。与周围的树木和景色的平衡，与借景时景色的平衡等，都需要站在当地才能探明，不协调的时候要把用地的面积和位置作若干调整。

② 地割

划出作山的地方、作池的地方、作路的地方等地面形状称之为“地割”。首先作为原来的方案用石灰等划线，确认地面的高度和面积。作山的地方，要树立与其高度相同的棍子来确认山的大小，池的部分要确认面积和水面的高度。如此这样进行平面上的模拟。也有代替石灰用绳子张开的做法。同时，规划建筑物的话要将其位置印上。从建筑物内眺望庭园时要设置视点的水平高度，确认从那儿如何能够看到庭园。再者要进行地面高度和线条的细微调整，确认在图纸上是否也有必要调整高度和线条，之后再进行夯土作业。

③ 土地平整、地形造成

土地平整就是按照计划将地面高的部分挖低，将低的部分用土填高。那时仅用用地内的土不够时，要从其他地方挖土过来填埋。如果能够根据基本所定的形状填土、挖掘的话就修整出地形整体（线条出现）。例如，想要出现重叠群山纵深的效果时，从庭园中心位置看的话，就将重叠用最美丽的形式在当地导出。设计师在当地的指导最好希望能从土地平整开始，但是在海外的情况由于访问当地

庭园整体的土地平整。

瀑布的地形造成。

的天数限制往往很难。因此，在当地顾问的指导下由当地工作人员实施土地平整，最后的地形造成在设计师的指导下进行的情况较多。

④ **设备埋设**

电气配线、排水设备的配管等在地下埋设的设备设施必须在做完基本的工作之前结束。根据工程的实际情况，进行调整设置的时机。

透水管的埋设工程。

⑤ **骨架结构**

确定地基，有池塘的话就要打造其骨架结构。或者，进行铺装和石砌的基础混凝土等工程地下部分的施工。这时的施工必须要注意这些地下部分在竣工时都不能露出地表。确认现场周围和规划完成的高度，根据需要进行调整。骨架结构设计委任当地的结构负责人，实际施工由当地一方承担。

⑥ **石组**

石组有位于骨架结构中的石组和直接设置于土上的石组，由此方法各异。直接设置于土上时，因为是单纯用土捣实来固定住石头的方法，可以自由调整石头的高度。在打过骨架结构的地方，因为底部的高度肯定决定了，在那儿就像石头根部不可切割一样进行设置，必须更加小心注意。通常要一边计算完成的高度，一边就像根部不可切割一样进行设置。此外，要避免荷重集中于一点，要将荷重平均到骨架结构上进行设置。

土上的石组。

⑦ **土的调整**

组合石头，或由石砌做成挡土墙之后，一边看着石头和地面的关系，一边再调整土的高度。

⑧ **确认水的流法**

组合石头建成水流的贴石、进行植栽前的时候，要检测水的流法。要确认水量是否正确，水是否溢出，是从哪里溢出。根据这些，无论规划水势不足的情况或水量过多的情况等，都要进行水量的调整。

⑨ 大型树木的栽种

从景色中的主要场所开始种植树木。

⑩ 中树、矮树的栽种

一边取得与石组和主要树木之间的平衡，一边种植其他树木。植栽中分为作为景色的树木和作为背景的树木两种功能。植栽的顺序有从种植主要树木再到种植作为风景的树木的方法和做好背景后再种植主要树木的方法这两种，这需要根据现场情况，与工程业者讨论后进行判断。根据搬入等的情况，即使是背景先种植的情况，最终还是必须将主要树木置于脑中来进行工作，将主从关系置于头脑进行工作是非常重要的。

高树的栽种。

根据用地形状，也有因为种好主要树木的话背景树木就没法种植的情况，故要先种植背景。

⑪ 照明器具的设置

庭园内的照明粗略地分的话，可以分为照向苑路等的功能性的照明和照向树木和池塘瀑布的表演性照明。主要树木的位置决定好了之后，就可以开始器具的设置（电气配线工程基于预定计划应该预先配置到了附近）。日本庭园中的照明器具，除了有特别适合匠心的东西，否则在白天进入视野的话是很败兴的。要充分考虑到这一点，设置于灌木和石头的阴影处，制作照明用的坑等花费的功夫也是不可缺少的。

⑫ 树木植栽结束后，一并进行踏脚石和石子铺地的施工

⑬ 其后，如果有需要制作垣根和枝折门

踏脚石的施工。

⑭ 矮灌木、地表植被

矮灌木在最后为了补充景色的不足而种植，在植栽和结构物工程全部完成的阶段，在必要的范围内种植地表植被。

⑮ 水、碎石

为了去除混凝土的泥水，在池中暂时放水（在日本放入秸秆和泥水清洁剂）。泥水去除结束后再次放水，把鲤鱼等生物放入池中。同时用白砂或碎石进行地面的装饰。这如果不在植栽工程结束后进行的话，会被外来的泥土污染，所以应该是最后的工作。

⑯ 照明

在照明器具设置的阶段，一边粗略地进行照明一边设置器具，其后，根据需要反复进行再次调整。最终的照明，在其他工作全部结束的时候进行。要以从主要的庭园观赏地点看出去的景色为轴心进行照明效果的确认，但回游式庭园等则要考虑从各种角度的视线，需要进行调整避免炫目的光。

⑰ 完成

3　主要工程的基本知识

池泉、瀑布、水流

池泉工程的流程

——在混凝土骨架结构上由石组构建成驳岸的情况——

① 挖掘地面直至比池的形状稍大。

② 将挖掘的地基平整土地。去除凹凸，平整至所设定的高度。

③ 用碎石铺至所设定的厚度，进行转压。比池塘的大小稍微留有余地。

④ 在各个坑所在的地方全部埋入配水管、通往沉淀槽的连通管和电气等的埋设管。这时要在确认水平高度后再进行。

⑤ 用基础混凝土以所设定的强度和所设定的厚度基于设计浇筑。

⑥ 在基础混凝土上描出正确的池的形状。

⑦ 组合钢筋。

⑧ 用所设定的强度的混凝土浇筑至所设定的厚度。

⑨ 等待直到混凝土硬化。

⑩ 将突出的部分做好模型外框，浇筑混凝土。

⑪ 等到混凝土硬化后拿掉模型外框，在表面有修正的必要的话进行修正。

⑫ 防水工程（沥青系防水布适用于防水）。

⑬ 浇筑压住防水层的混凝土（保护混凝土）。也要根据池驳岸的完成方法,石组的情况采用只浇筑底面、侧面向上不浇筑的方法，使得必须遮住的骨架结构厚度减少，驳岸建成后无需勉强也能轻易将其掩盖。

⑭ 混凝土硬化后，在驳岸组合石头从侧面向上不浇筑防水的保护混凝土的情况，组合石头要考虑防水层不能被石头等割破，这是很重要的。设置石头的时候，在与河底相接的地方使用搔诘石（即垫石，为了使石头的合边更好、使其更稳定而夹着的小石头），来使石头达到充分的稳定。这时要注意不能让石头的根部从水面上露出，经常意识到最终水位来进行组合石头是很重要的。

⑮ 为了去除混凝土的泥水，在池中暂时放水（在日本放入秸秆和泥水清洁剂）。

⑯ 泥水去除结束后，放入鲤鱼等生物。

※瀑布、流水的工程参照池泉工程。

铺设碎石，比池面积稍大浇筑基础混凝土，组合钢筋。

从压送机流出混凝土。

池底及竖立部分的混凝土骨架结构浇筑完成。照片中央竖立的钢骨是在池上作为起重机工作构台使用的柱子。这会在工程结束后随即拆除。

防水工程施工（用防水布进行防水的工作）。防水是必须最慎重进行的工作之一。一旦池子漏水的话，要确定漏水的地方是非常难的。

浇筑好池的底盘，驳岸石组完工的状态。从照片可以了解驳岸石组的搔诘石。

池泉工程的基础知识

池的施工方法

池与止住水源就没有水的水流和瀑布不同，因为总是积蓄着水，所以需要注意进行防水。池泉的建造方法从古代施工方法到现代施工方法，虽然有好几种方法，但是考虑到长年累月的耐久性和工程花费，倾向使用混凝土骨架结构。以下举出代表性的施工方法范例。

① 混凝土骨架结构施工方法

浇筑混凝土，实施防水，其中再由石组等做成。驳岸设立石组时容易固定住石头，不会发生不同沉降等现象。

② 防水布防水施工方法

在土上覆盖防水布，只在底盘浇筑混凝土。或者在皂土上再加上土。不管哪种情况都推荐并用皂土的施工方法。较之混凝土骨架结构花费便宜，但是因为池子的竖立部分形状与池底相对成直角的状态下防水布则容易滑落，因此不适用。池的边缘缓和倾斜与地面相接、驳岸线为简单的研钵形状的话则适用于防水施工方法。因此，由于倾斜的池边石头很滑无法抓住，也不适用于石组驳岸。

③ 混杂黏土或皂土的夯土施工方法

黏土因为要花费更多功夫，使成本变得很高。是现在不怎么使用的古代施工方法。

混凝土骨架结构贴好防水布，压住底面，浇筑完混凝土的时候。池泉在与建筑物相接的地方，在建筑物的脚底下也要进行防水。

池驳岸（混凝土骨架结构施工方法）

以要做成什么样的驳岸的形象为大前提，决定骨架结构的形状。当地面与水面的距离较近做成时，地面的土就好像靠着完成的驳岸一样，混凝土骨架结构的侧壁顶端，池的一侧较高，陆地的一侧做成向下的斜面较好（图1、2、4、5）。最终会被石头和草坪覆盖，使得根本看不到混凝土骨架结构。防水适用沥青系的防水布，这时要压向池底，浇筑混凝土。

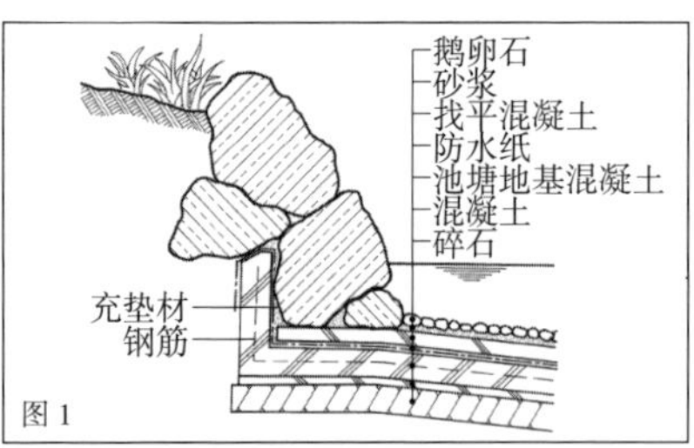

图 1

由险峻石组组成的驳岸 石头能够自由设置，可以嵌入骨架结构进行设置，也可以与骨架结构之间留出缝隙进行设置，所以要一边保持平衡一边将石组嵌入凹凸。假如弄齐石头高低、大小出入的话，因为容易破坏自然谐趣给人以人工的印象，所以要注意。通常在现场实际看到高低、大小、前后的变化，用身体感受着制作庭园。为了不让驳岸石组划破防水布，石头和防水布之间夹着缓冲材料（用防水步卷成的圆形物等）。

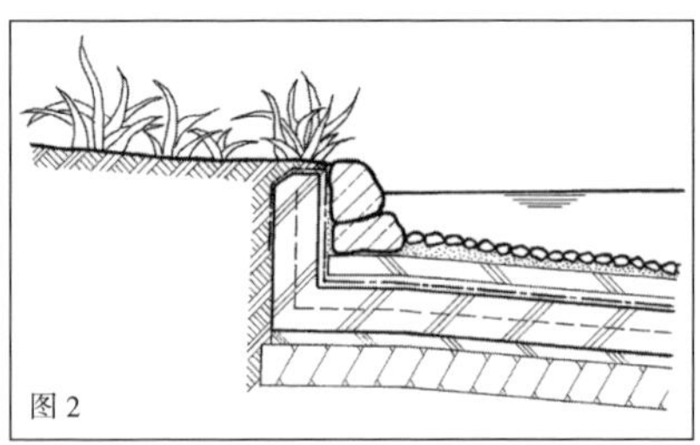
图 2

由低据石组组成的驳岸 池为满水状态，池的界线看起来很谨慎，水面能够使人感到更开阔。因为是沿着混凝土骨架结构设置石头，在浇筑骨架结构的时候，要注意让出来的线条更加优美，由此来决定形状。

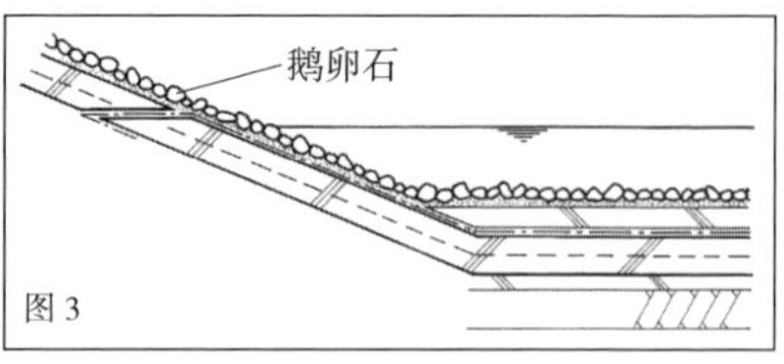

图 3

洲浜 池的骨架结构需要配合洲浜的倾斜来进行浇筑。也有在防水层上面浇筑胶泥或压住的混凝土，再在其上贴上或放置鹅卵石的情况。关于水面以上的部分即使延续为洲浜，也不必进行防水（防水到水面以上10cm左右为止）。因为洲浜的鹅卵石如果要延续到池底的话很费工夫，特别是池水很深的情况，所以也有在中途突然做倾斜来挡住石头的方法。
鹅卵石有贴上和排列两种情况，贴上的方法在打扫等管理方面比较方便。即使是贴上的话也不能铺满，进行时应当留意看上去要自然。

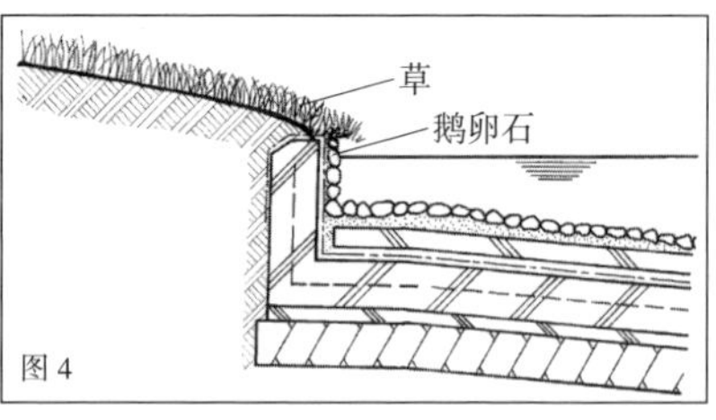

图 4

由草坪组成驳岸 贴草坪的话，每个草垫及草褥要从池的边缘就像要垂到水面一样使之有多余的部分，这样贴上可以覆盖住骨架结构。那时，边缘的骨架结构顶端事先做成倾斜的话，能够更大地确保土的厚度，草坪向池塘延伸的部分也不容易枯萎，可以隐藏住混凝土部分。池子的周围整体都用石组围住的话感到人工痕迹重不自然的情况，部分使用草坪来做成池岸这样比较好。

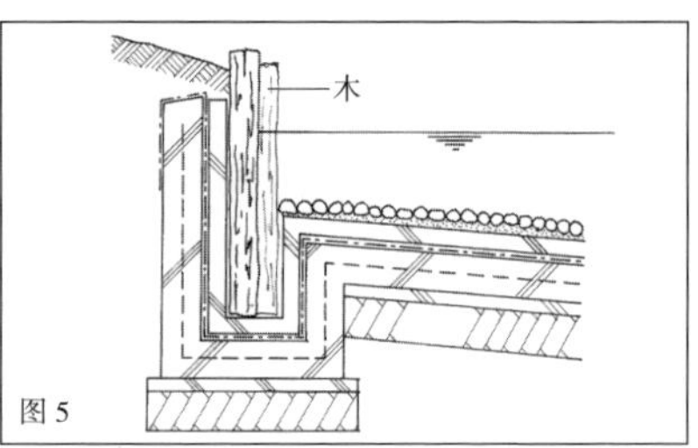

图 5

由参差不齐的木桩组成的驳岸 参差不齐的木桩本来是直接打入土中的，在混凝土骨架结构的池子使用时，底盘部分要事先做好预留给木桩的地方。在那儿打入木桩，挡住土。木桩因为是木头做的会腐烂，所以需要每隔10到15年左右替换一次。

瀑布工程的基础知识

瀑布骨架结构和假石组

在日本庭园，使用天然石头进行组合瀑布石组时，必须打造与使用石头的形状相符合的骨架结构。在预先做成的骨架结构上安上天然石头，是无论如何也不可能做成艺术性的瀑布石组的，不能过于奢望美丽的石组。

在那里打造瀑布骨架结构时，首先要决定用于瀑布石组的石头，事先进行假石组的制作。在地面上，尝试组合石头，决定样子。由此自己决定中央的镜石（或者称为水落石，以下称为"镜石"），其两侧的亲石（或者称为瀑布添石、不动石，以下称为"亲石"）。确认这些石头要以什么样的深度植根，或者，在堆砌石头的情况下要以什么样的高度进行堆砌才好，之后再根据那些高度打造混凝土骨架结构。

进行组合假石组时，在安装石头之前，要确认石头的高度、宽度，以及设置时从水面上出来多少高度。安装过程中，要经常调整与其姿态的平衡，最终决定瀑布的样子。尽可能地再现从竣工后实际眺望那座瀑布的视点的距离、水平高度、方向，重要的是要探明从那个地方眺望的最佳姿态。作为这些工作的结果，因为明白了石头在水面下要埋多深，所以能够得出为了安装石头需要的骨架结构的高度。这是非常重要的，不进行假石组这项工作的话，瀑布骨架结构的施工图就画不出来。

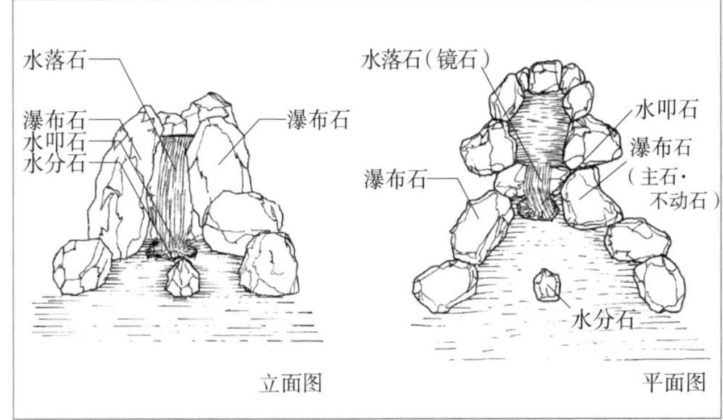

瀑布的役石 瀑布由石组构成形状，"水落石（镜 石）" 和 "瀑布添石（亲石、不动石）"之外，也有给瀑布口的水景带来风情的"水叩式" 和 "水分石"等。在自然界瀑布落下时，瀑布之前也常有几个脱落掉下的石头。

瀑布的假石组。一边在每块石头上看透石头的表情，一边进行工作。背后组装标示瀑布落口的水平高度的角材。地面木桩的作用是为了表示水面的水平高度，也标示在设计阶段大概的骨架结构位置。

刚刚完成假石组的时候。石组下方的堆土段差是为了再现实际视点的高度来调整水平高度用的。

基于假石组进行施工、完成的瀑布。

瀑布石组

瀑布石组不仅仅是岩壁，水不落下的时候也必须经常保持与瀑布相称的氛围，不用水的枯山水的瀑布更是如此。

瀑布石组，可能的话要从镜石开始安装。因为镜石多采用较薄的石头，所以会有单独很难自己竖立的情况。那时，要使用角材或钢丝来压住固定。根据镜石使用材料的选定和安装方法，来决定瀑布的水如何落下来。朝跟前倾斜安装的话就成为如“布落”和“离落”那样离开石头落下的瀑布，向后方仰卧安装的话就是如“传落”那样水从石头上冲过的落下方式。因为镜石的倾斜方法和水量有关系，所以要根据状况进行判断。镜石的顶端如果水平的话，水就会平均落下；中间凹陷的话，水会在凹陷处形成一根水柱落下。这样一来，根据镜石的形状瀑布的印象会有很大的变化，所以在找石头的时候，如果能够找到有趣形状的石头的话，也就能够做出有趣的瀑布。

下一步，安装亲石。这些是挡在镜石左右的石头，为了让水从两个石头之间落下。左右的两个石头要考虑样子的平衡，一方较高、另一方较低安装。从镜石的顶端到两侧亲石顶端保持多大的距离才给人最佳的印象，如何显现山的深邃，都要从空间整体的氛围来探寻。亲石稍微向内侧倾斜,不过两块石头不是一样程度地倾斜，低的一方向内侧倾斜幅度较大的话则可以显示出险峻。镜石像从左右的石头向里面隐藏一样地安装的话，更加容易给人造成山的深邃的印象。

水落下的地方有瀑布壶，可以发出水声。落下水的地方安装“水叩石”，在这里水一碰上就会四处飞散。这在禅中称为“鲤鱼石”，是当作鲤鱼而安装的石头。

安装镜石（水落石）。这时候在安装前，重要的是要让镜石的上端保持完全水平。

安装主石（瀑布添石、不动石）。将石头靠在所设定的位置，在缝隙中塞入碎石固定。

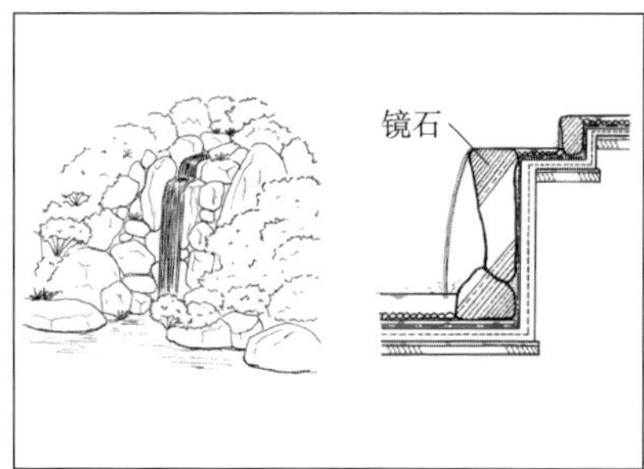

离落　镜石向前方倾斜，水落下时离开石头落下。水量少的话还是会成为“传落”。根据规划瀑布的位置，能够让人看到落下水的里侧和侧面。

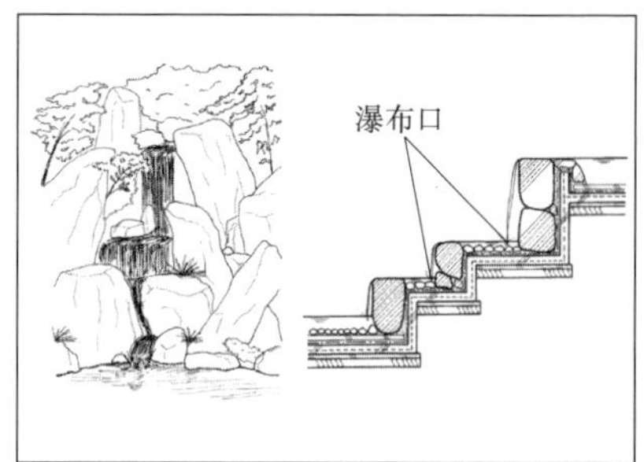

段落　从第1瀑布的瀑布壶再流下第2瀑布，以下第3瀑布也是一样，最后的部分与池泉或是水流形成合流。通常情况下，从正面看落下的位置会左右变化，不要排在纵列的一条直线上。

布落　就像挂着的布一样静静落下，水的落口不平的话就不会像这样落下，因为这样的天然石头很难找到，所以使用加工过的石头或者像图一样使用小石头堆砌而成。

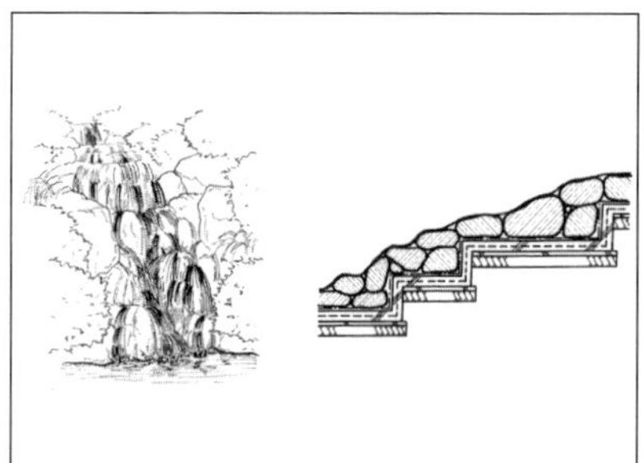

传落　传落的镜石，使用有凹凸的一块大石头安装，或者用多个石头组合。因为水在石头表面就传送一样，所以水量越少的情况镜石的倾斜的角度必须越大。传落采用倾斜角度极为缓和的话，就成了“急滩”。

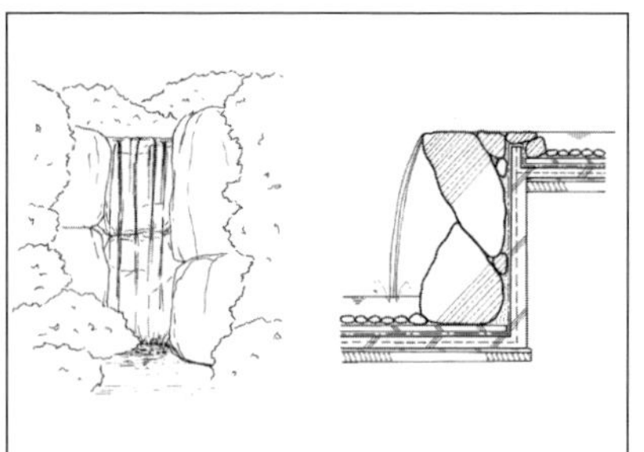

丝落　从镜石的顶端的凹陷处水像丝一样落下。不需要太大的水量。

瀑布在设计上狭窄的要比开阔的更能显示出深山的氛围。左右都打开的瀑布，有着相当大的宽度，不拉开距离的话，就会变成平面的瀑布。但是观看瀑布的位置也有离瀑布很远的情况，这时候过于狭窄的话往往不容易看到。这样一来，瀑布样子的决定和观看瀑布的位置的关系很重要。此外，在南侧建造和在北侧建造的情况也有不同（参照86页“构成、要素/瀑布”）。这些条件要全部记入头脑，在设计时也好，在现场施工时也好，都要进行指导。

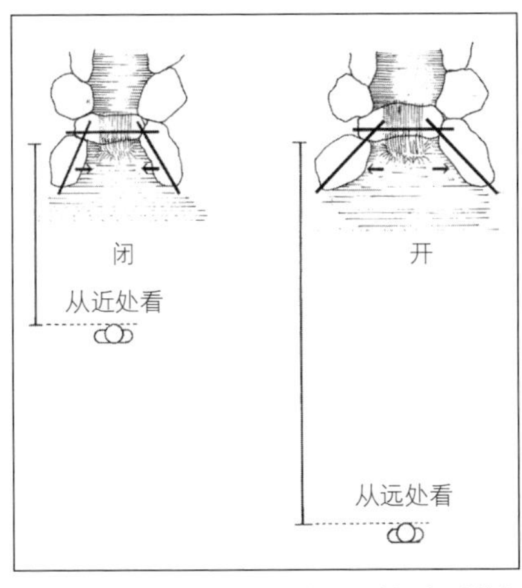

瀑布的开闭和视点的位置关系 从视点到瀑布的距离长的情况下，瀑布的左右可能会打开。

欣赏瀑布的方法如前述，根据水量、水的落差、水的落下宽度、水的落下方式而有差异，在这些条件之中通常也要考虑相关关系来进行建造（参照86页“构成、要素/瀑布”）。此外也要加上预测影子的落下方式。因为大部分的瀑布要符合深山幽谷的氛围，要以此为形象组合石头。

瀑布落差越大越增加险峻度。但是，因为瀑布的高度越高的话，骨架结构也会越高，需要隐藏左右骨架结构兼作挡土的石组。因此胡乱加高的话，要注意没法完全遮住骨架结构。骨架结构的遮住，是常有困扰的问题。

另外，在日本庭园的瀑布位置，在庭园整体的结构上，处于其中央的位置是不自然的。偏离中心，能够在进深最里面的位置是最佳的。为什么要这样呢，因为由此可以感受到天然景色，感受到瀑布流淌落下背后的深山，由于在空间产生了动感，在视点中也产生了动感，作为结果就会感到进深，从而让人感到庭园更加开阔。或者，瀑布设在跟前时，瀑布里面的景色有很深的进深比较好。不管怎么样，不是让感到深邃的地方，就不适合作为瀑布的位置。希望经常联想到再现自然的瀑布。

大型瀑布的混凝土骨架结构。

瀑布石组。在骨架结构背后建造假山。

吊石头的时候使用450t起重机。

完成的瀑布。由于观看者站在80m之外的距离眺望瀑布的位置关系，拉开了距离，所以瀑布设计为左右打开的形状。

瀑布的水源

瀑布因为需要丰富的水，特殊的好条件的地方以外的情况，是将落下过一次的水用水泵抽到瀑布口进行水循环。设在瀑布口的坑的大小与瀑布落口的宽度成正比。制作宽度大的瀑布时坑也要大，宽度小的瀑布坑就要小。喷出瀑布水的时候，必须花工夫使得坑的水面保持平滑。为什么要这样，是因为水喷出弄乱水面的话也会弄乱瀑布的落下方式。坑的水面保持稳定的方法有两种，水管向下弯曲的方法和在水管上用石头覆盖缓和水流的方法。前者如果有从上面看的可能性的话水管会被看到，后者因为处于石头的背面水管则不会被看到。

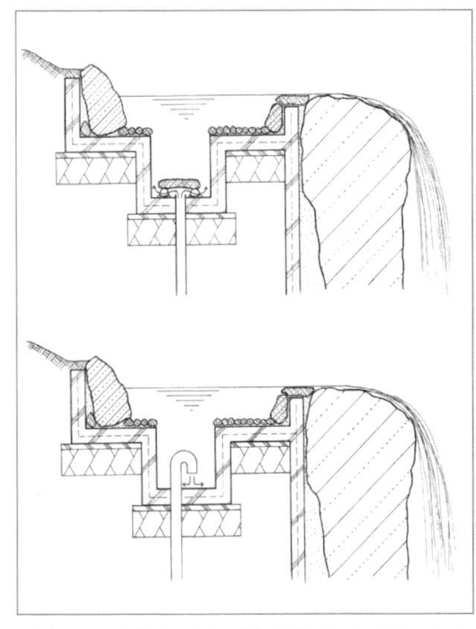

瀑布坑。水管由石头覆盖的样式（上图）和水管向下弯曲的样式（下图）。

瀑布坑实施防水，浇筑混凝土。喷出口在其后切割至适当的高度，上面用石头覆盖。

水流工程的基础知识

水流的骨架结构

制作骨架结构的流程参照池泉的情况。因为水通常是流淌着，而不是积存，有时比池泉做得更简易。安装石组时，要注意混凝土骨架结构一点都不能被看到。

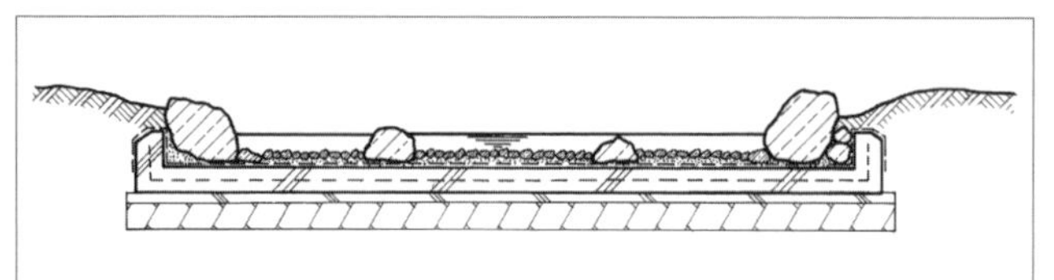

水流的断面 土就像贴在石头上一样，从混凝土骨架结构的端面落下。

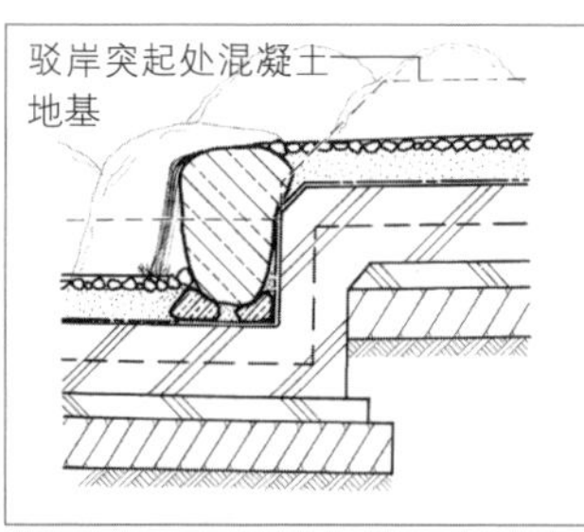

水流落下部分的断面 在落下的高低落差较大的部分，两边驳岸竖立部分的骨架结构如图所示像虚线那样以斜角落下比较好。有角的话，驳岸石组则无法全部遮掩住。施工图的断面图中没有描绘到竖立部分的情况较多，容易引起错误。

水流的石组

在水流上流的岩石较多的地方，水碰到大石头有时会改变方向，有时会将水流分开。另外，中途有大石头的话，则会从上面穿越过石头形成“落水”和“小瀑布”。下流平稳的水流缓缓蛇形，水流弱的话有时候会形成中州。

在水流的骨架结构上组成驳岸石组。水流的石组模仿天然河流的流淌方式做成。水流弯曲，驳岸受到水流强烈冲击的地方要安装接受水流冲击的立石，流水缓和的部分减少石头的数量，或者做成洲浜等。驳岸石组的表情根据设计师的意图也各式各样。

水流的底石

水流有急滩、中流和下流，流淌方式、宽度和水深也会改变（参照88页“构成、要素/水流”）。越往上流去如果有大石头的话，水冲击其上会产生白水。为了使水流造成高低，在水流中四处要设置石头。这些石头，虽然基本上都是要把石头的气势转到水流的上流上去，但不能全部朝向同一个方向排列整齐，朝向要有变化。

为了隐藏水底的混凝土骨架结构铺盖小石头。水流中水不流淌的枯流情况下仅仅放置石头也行，但在水流淌的情况下，全部用胶泥进行固定的话对于之后管理比较方便。

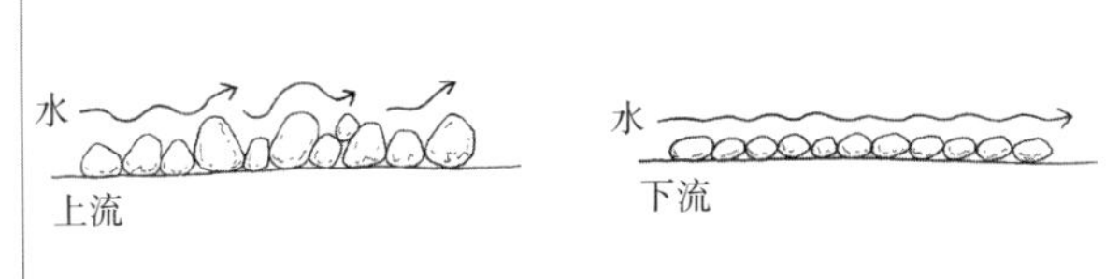

水流底部的鹅卵石　上流中因为石头坚硬有棱角大小不整齐，水是跳跃着的。下流中根据水流石头变为小而圆，水流也变得平稳。

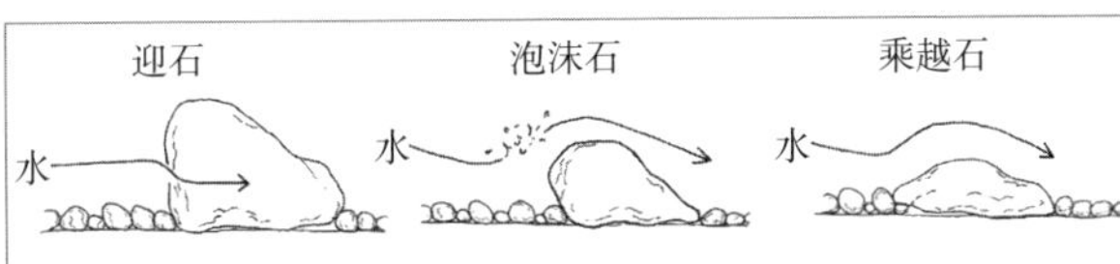

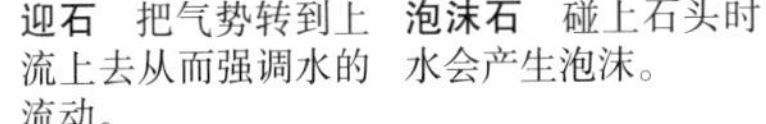
迎石　把气势转到上流上去从而强调水的流动。

泡沫石　碰上石头时水会产生泡沫。

乘越石　水从上面穿越就像是高涨一样。

急滩及急流的石头选用

水流底部的贴石

水质的管理

① 循环过滤系统（淤泥对策）

庭园内设置池泉的情况，要留意水质的管理，需要设置过滤装置。过滤装置有“物理过滤”和“生物过滤”，因为生物过滤是让水的水质由其自身进行清洁，如果饲养生物的话可以采用生物过滤。因为这是将水滞留，由细菌过滤水，所以需要空间安放装置。不饲养生物的话，只需滤除水中垃圾的话可以采用物理过滤。在下风的位置规划溢出处的话，能够轻易取出浮游垃圾。

从瀑布落下水量较多的情况下，因为仅用过滤过的水会造成水量不足，大型水泵要限制时间循环池水。例如“早上8点到晚上9店”等，由计时器来进行控制。

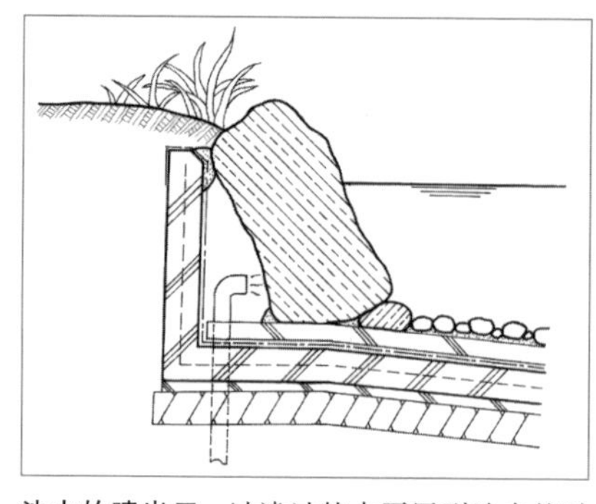

池中的喷出口　过滤过的水再回到池中的时候，就像是从石头之间在各个地方喷出一样，适当地让水转动，池子经常保持干净的状态。为了不扬起淤泥，要从池子的角落给水。如图所示，能够完全在石头的里面设置喷出口的话是最好的，但是即使不可能的情况，也要尽可能地让水从石头的阴影部分喷出，要让水扩散开来。喷出口的数量根据池子的大小比例决定，但是由不同形状组合而成的池子，需要更多。与此相对，也有过滤水只从瀑布落下而在池中不设置喷出口的情况，瀑布下方变成干净的水，但是池的角落处由于过滤水转不到那儿，无法变得干净。在池中必须平均充满干净的水。

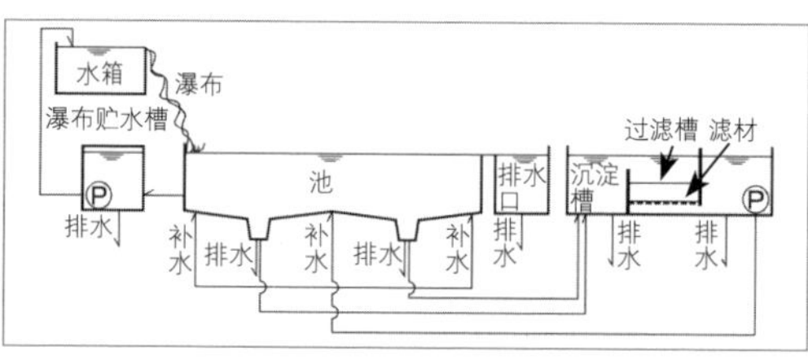

循环过滤系统的模式图　过滤24小时由小水泵持续推动，在池中由连通管连接过滤装置。

② 养鱼时的注意点

选择向阳、通风好的地方，在其中制作为了遮阳和隐藏的地方。鱼的习性是早上浮到离水面近的地方来回地游，中午喜欢在遮阳处集聚。放养的鱼的数量要考虑到与池子面积的平衡。

水最好是温暖的天然流水，但由于环境有被污染的悬念，多使用井水和自来水。水温，鲤鱼的话20℃左右较合适，为了产卵25℃左右较适当。产生5℃以上的急速温差的话，鲤鱼容易感冒。

为了维持水质补充氧气，要设置循环过滤装置。不能让从铜制的雨导水管流出的水流入池子和水流，也不要在池子的附近种植有害的植物。石菖蒲向水中伸展地下茎和根，也可以成为锦鲤的产卵处。

石组

石组工程的流程

寻找材料

在海外找到符合日本庭园的石头是最为重要的累人的工作。如果在日本的话，到哪儿去有什么样的石头根据产地就可以知道。但是，在海外庭园中几乎没有使用天然石头的行为，这样的信息也几乎等同于无。为此，寻找青苔附着处等，寻找具有风情的石头都是非常困难的。

① 在去当地找材料之前，要把理想石头的照片发给当地顾问，让他先寻找候补。但是，被带过去的地方几乎都是被称为“quarry”的料石场，另外就是采石场。这里虽然有很多大石头，但是全部是破裂的石头和被打破的石头，或者是再被粉碎的石头，根本没有像所说的那样有由于多年的风雨风化而有风情的石头。

③ 森林中发现的石头。发现石头，如果能够选定符合氛围和大小的石头的话，想着海外工程6到7成完成了，真好。剩下来的在技术上都能够完成。如此寻找到石头可以说真是够辛苦的。

② 开车在用地周边的山上寻找走石，发现在民宅的庭前等意想不到的地方常常放置着碍事的石头。从这里出发预想到在其周围也许会有符合氛围的石头。像这样，石头不依赖当地向导，必须由设计师用自己的眼睛看到来寻找。(照片是，在牧场中的石头。问过牧场主，据说森林中还有许多。)

④ 十分注意地一个一个寻找石头。这时候，要先决定在景色中成为重点的石头（效石）。因此，当好石头比预想要稍大时，要顺着大石头来决定其他。反过来的当效石较小时，要考虑寻找什么样的石头来作为补充。(关于石头形状的优劣参照151到152页)

⑤ 即使找到了具有风情的石头，也不能够用于全部石头的规划。瀑布石组、舍石、水流的驳岸等，根据使用方法大小和形状各异，所以要寻找符合设计意图的石头，安放到图纸中的准确位置。虽然也有在实际中不使用的情况，但是要基本上决定石头的用处再进行采集。不这样做的话，就会导致全是不使用的石头。

⑥ 画草图，将每块石头编号，写入图纸中。一边看图纸，一边确认决定下来的石头和不做决定的石头。决定好大部分役石之后，再决定在哪儿都能使用的石头。大小分为大、中、小，确保一定的数量。关于这些不必在图纸一一记下，小的石头在图纸上指向这个附近，如此记下大概的范围留下来就行。

⑦ 找石头时，与进行工程的日方施工人员同时分工进行寻找。因为这样，设计师和日方施工人员之间能够达成共同的印象。施工人员对于选定的石头，在这里预测要用什么样的工具来进行处理，确认从日本运过来的工具。

⑧ 描绘草图时，助手测量石头的高度和长度，标记其中。对于主要的石头，要测量石头的尺寸，画好草图。瀑布石组使用的石头，因为根据瀑布的设计要达到需要的高度，所以要确认石头的大小是否足够。

⑨ 石头因为要与图纸进行对照需要编号，没有满足必要数量时要继续寻找直到找到为止。号码只是作为预定而编，工程的中途常常会发生变化。最后如果找到适合做踏脚石和贴石的也决定下来，如果有能用作搔诘石的石头的话也可以事先采集好。因为石头搬入的过程中可能会发生碰坏的情况，要准备比预定的吨数稍多的石头。

石头的搬运

石头由当地的人运出，再搬入现场。从卡车卸下石头。

使用平板推车短距离搬运石头。注意保养，一个一个地小心搬运（搬运石头的工具由当地施工业者准备）。将石头搬运到所设定的位置后，开始组合石头。

石头的安装

① 开始组合瀑布石组。关于石组，第一，空间和石组的平衡很重要，必须把握好石组的位置及大小是不是和空间相合适。其次，要一边想定预定的高度和体量，一边开始组合。组合石头的时候，要读懂石头的气势，采用能够最大限度发挥石头个性的使用方法。

② 瀑布石组。组合就是石头和石头咬合固定住。石头与石头相接的地方（合端）不能有点，要紧紧地合住安装，这样才能保持稳定的良好姿态。这称之为“合起合端”。

③ 石头的合端合起的状态。照片为安装二木桥状态的合端。

④ 在石头上有根，安装时注意不能把根切断。若这样便不能让欣赏者预见埋在地面下的石头底部，根据情况，有能让石头的大小被人想象得比实际要大得多的安装方法。石头的根被切断的话，石头看起来小得多，不仅看起来不稳定，无法呈现堂堂的姿态，还会让整体看起来像人工做出来的景色。诚然再现如在自然中一样的景色是很重要的。另外，要把石头的表情丰富的面容在表面显现出来，在瀑布和水流中，如何把自然中石头的个性表现出来进行安装是很重要的。

⑤ 设计师发出对石组的指示。安装石组时，有立石的情况下也有伏石的话会在视觉上更稳定。要有这样的石组平衡意识遵从设计师的指示进行安装石组。

⑥ 在水流等的中途有架设桥的规划时，要先安装桥或者是将桥以替代品用泡沫塑料等放置在做桥的位置，先组装其他石组。使用桥的替代品之后再安装实物的情况，不要安装紧挨着桥的石头预先空着以便调整，从另一边相邻处组合石头。不这样进行的话，在实际安装桥时，与桥相邻的石头的合端会合不上去。

⑦ 瀑布石组和跟前水流的石组组合完毕的样子。

⑧ 搔诘石。这是在混凝土骨架结构上安装石头时用于在石头下面夹着的、调整石头高度和倾斜度的、固定地基的石头。不要用好几块小石头叠起来，尽可能地用一块石头填满缝隙来使用，这样的方法稳定，比较好。

石组的基础知识

以下虽然讲述石组的基础知识，但这些内容最终还是基础。根据情况也许会产生例外，应用是没有限制的。

石形

在日本庭园中的石组，基本上采用带有天然风情的石头，除了一些特殊情况，不使用人工的料石等。兼具天然生长的美丽花纹和险峻表情等，且具有寄居精神一样的个性和品位的石头比较受欢迎，能够感到品格的石头为上等。其中石头分为两种，一种是形状匀称以一块石头作为景石，另一种是虽然形状多少有点不完美，但根据组合可以充分活用。说到“匀称”，西洋人容易产生左右对称的印象，并不是那样，倒不如说是指不均衡但具有雕刻一样美丽平衡的形状。仅用一块石头的景石，因为其一个便可以稳定，必须要有某种程度的规整形状。一块石头的景石也称之“舍石”，是即使像被扔下一样不做作地安装，也能做成具有风情的景色的石头。顶端理想中比较好的是平头或分段的，顶端尖部缺失或者很尖的石头自古以来就是讨人厌的。

作为参考举出的图中，大致区分石头的自然形态，是一般石头形状优劣的例子。

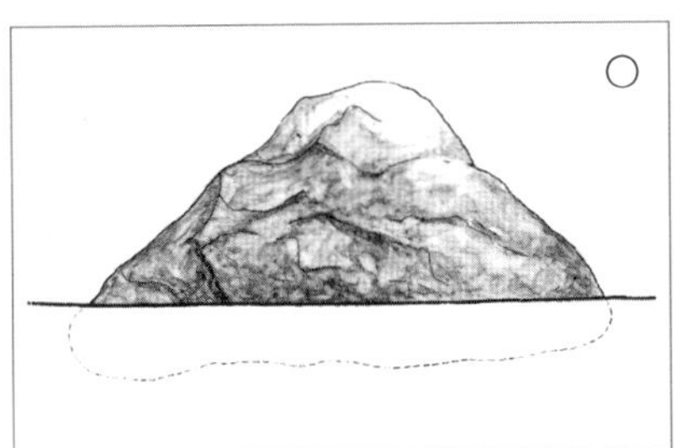

富士石 反映富士山样子的石头。因为象征安泰的心情所以很好。

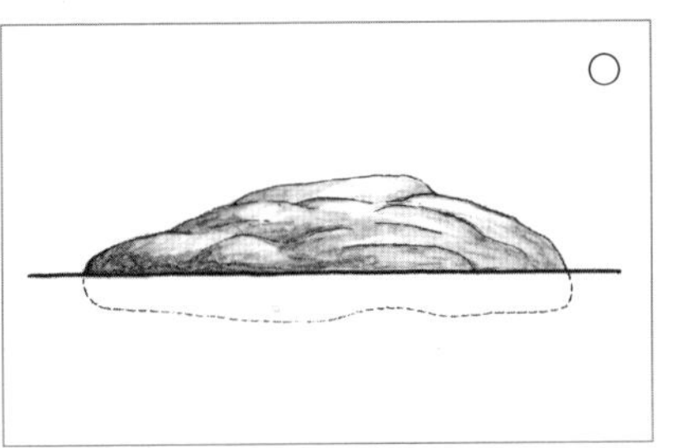

长卧石 横向很长的卧石，常被较低地安装在立石的脚下或树丛之中，在水中露出水面安装也很好，用途广泛。

户板石 薄的板状石头，常在有一定厚度的石头之间使用，适用于屏风组等，但不能一个分开使用。

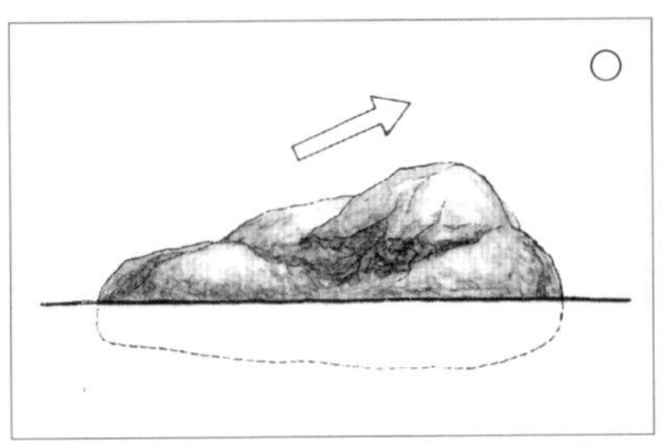

卧石（起岩根） 因为向右产生气势，所以要和其他石头呼应使用。

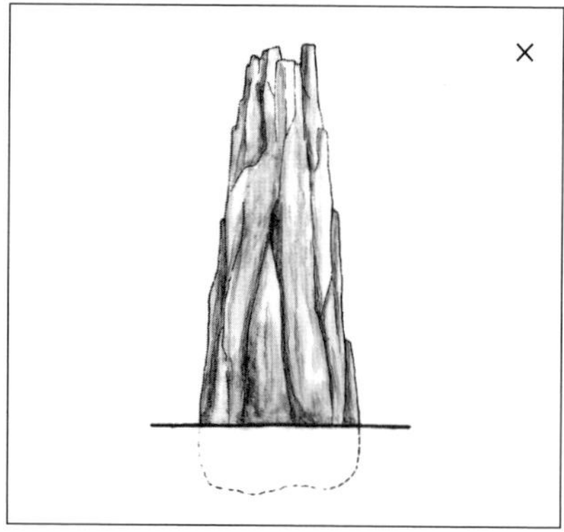

欠头 缺失的石头让人感觉总有哪儿不足似的，因为有着损伤物的形象，尽可能不要使用。

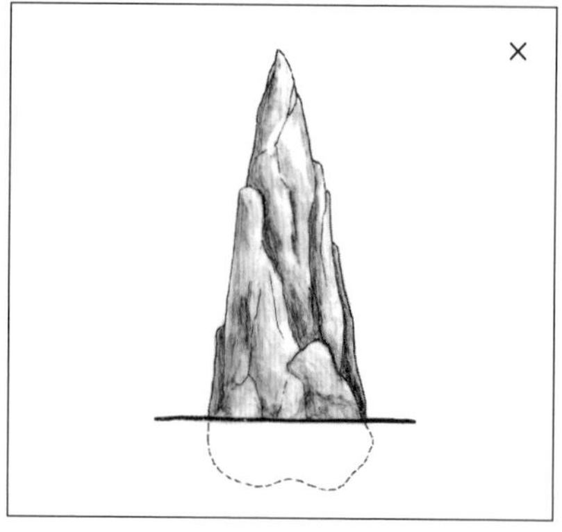

剑先 有着威压、攻击对象一样的氛围，因为不能使观者心情稳定而不使用。

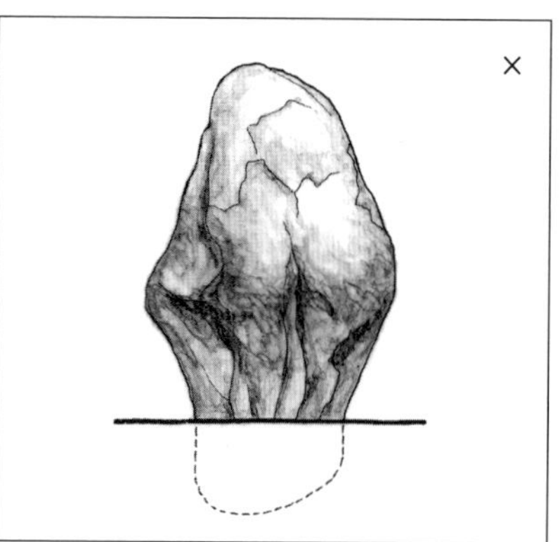

元细石 如图安装不安稳而不能成为使用物，如果把细的部分埋入土内的话则会稳定，这时就可以使用。

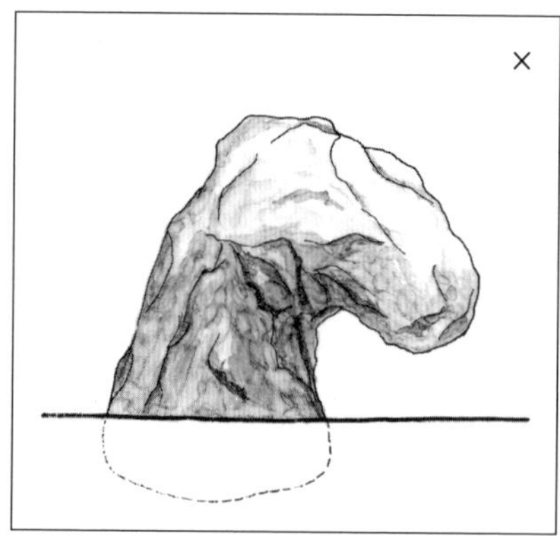

垂觇 怪诞的，日常眺望的庭园中不用比较好。

石头的表里、上下

石头有表（脸）和里，或者上和下。表和里的不同，就像人长着眼鼻口的地方为脸，头发长在后面一样，那块石头的表情最丰富显露的部分为表，反过来难以显示出石头个性的无聊的部分为里。

关于石头的上下，以无缺失部分、也无剑先、看不到元细的样子安装的一方为天（头），其相反一面稳定地朝向安装处的部分为地（尻）。

石头的表。稳重稳定的姿势，具有以前就一直在那儿一样的风情。

石头的里。有欠缺的部分，诚然就给人以里侧的印象。

石头安装的基本方法

安装石头时，要采用让人想象那块石头看起来要比实际来得要大的安装方式。看起来石头就好像在地面的正下方马上结束的安装方法，因为石头看起来不稳定而不好。要避免这样，安装时注意不要切断石头的根部。

组合石头时，要留意石头的“稳定”和“气势”。例如立石和伏石几乎不动，多用“稳定”的石头。有“气势”的石头，分为适合安装于右侧的石头和适合安装于左侧的石头。能够让人感受到从左侧到右侧的动感（气势）的石头称为“左胜手石”，能够让人感受到从右侧到左侧的动感（气势）的石头称为“右胜手石”。例如瀑布石组用三块石头组合时，右侧安装的夹住瀑布的石头（不动石）为右胜手石，左侧安装的石头为左胜手石，这些石头在视觉上互相凭靠而稳定。根据石组的设置，仅有一块石头的情况有动感而不稳定的话，需要加以引导直至“稳定”。互相相隔一定距离组合时也是一样。即使只有一块石头，稳定姿态的石头不需要组合，作为空间的骨骼单体就能够安设。

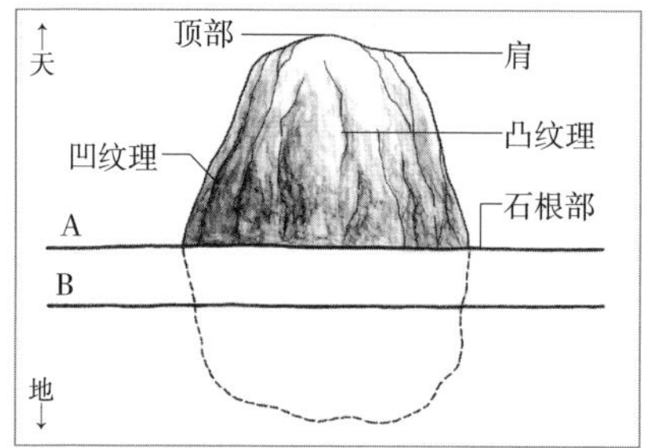

石头和地面高度的关系　A的位置为能让石头看起来稳定的地面高度，能够让观者想象到的石头大小比原本大小更大。石头出来直到B的位置的话，因为容易让人想象得到石头的大小，也不安定。石头上面平坦的部分称之为“天端”。石头的正面叫“见付”、石头的左右侧面叫“见込”，根据观看的方向而不同。天端和见付、见込相接的部分的弯角叫做“肩”。另外，石头与地面相接的部分叫“根入”，石头和地面的关系叫“根入深”和“浅”等，是安装石头时的重点。

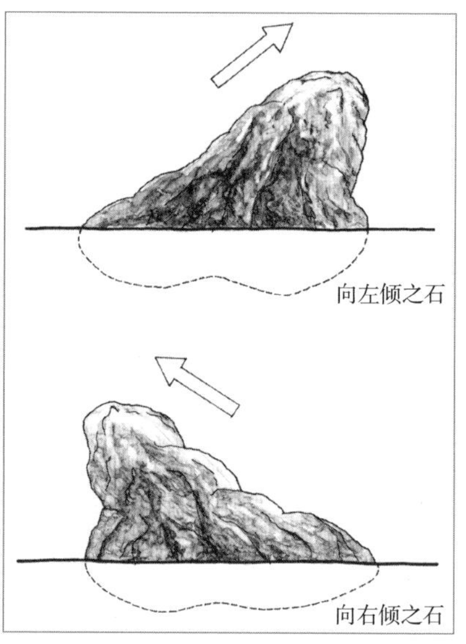

右胜手石、左胜手石　左胜手石因为能够让人感受到向右方推进的气势，对于空间安放于左侧一方。如果安装在庭园的右侧一方的话，则会产生冲突的印象，看起来有压迫感的同时，也无法融入景色之中。右胜手石采取与刚才相反的处理方式。

确保稳定性的石头安装方法

石头只需在地面埋入多少进行安装，虽然要根据每个石头的形状，但让石头看起来稳定来安装是首要的基本。为此，安装时，不容易分辨出地面之中到底埋入了多大部分的安装方法是看起来最稳定的。中间膨胀，下面狭窄的话，明显看起来根入很浅而不稳定。如果是扇形石头的话，即使只是稍微进入土层，也无法预测下面到底有多深。这可以称得上是看起来稳定。一部分狭窄的部分能够被看到的话称为“根部切断”。

根据石头的不同，为了不切断根部而埋入的话也许就把表情丰富的部分埋到了土里，会有这样十分可惜的事。在这样的时候可以用其他石头添在那个部分，或添上护根草进行补充。在这里能够产生石头和植栽的缠绕。

虽然基本上要考虑稳定性来进行安装，但是也会出现只有一个石头倾斜的情况，这时要有接受的石头，整体相称稳定就行了。

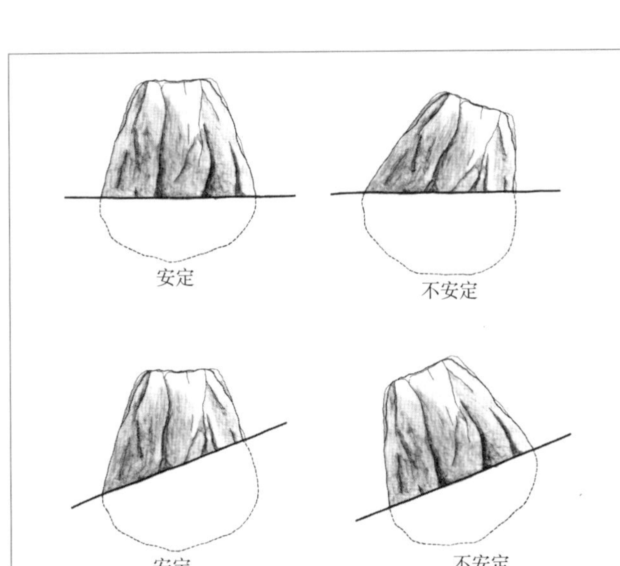

石头与地面倾斜的关系 石头的倾斜，与地面是否水平、是否有倾斜面无关，而是让石头本身看起来稳定的安装方法。基本上安装时石头的中心线要垂直。但是，安装多个石头的时候，如果整体上保持相称稳定的姿态就行，所以不受这个限制。

石组

在安装石组、石头时，即使与踏脚石一样石头与石头之间留有空隙，但如果在那儿感受到了用眼睛看不到的跳动“石心”的话，就能形成一体，构筑稳定。这样的石头所包含的动感成为“气势”。在一个空间之中，二石的石组、三石的石组、五石的石组即使像点状分布，也要将这些在整体上构筑稳定，创造流动于其空间的空气。优秀的书法，即使是写下分离的四个点，也能让人感受到全部都在一张纸中的联系感。这是稳定的、余白和点不进行呼应的话就不成立的境界。余白到底该怎样留出，在石组的结构上是重点。

关于石组因为高明和差劲立马见分晓，如果不注意决定空间结构的地割和成为空间骨架的石组的话，不管在植栽上下多大力气都不可能做出好的庭园。在把握石心组合石头的这一点上，石组比地割来得更难。虽然排列谁都会进行，但一边将最后的结构置于脑中，一边进行组合，则需要经验和丰富的感性。那个时候，因为常常会产生只用预定组合的石头而导致不足的情况，所以使用石头的量要多准备一些。

在铺满的白沙上面安装石头时，和与水面的关系一样，石头安装得低的情况和安装得高的情况景色会变得各异。安装得低的话，同样面积的白

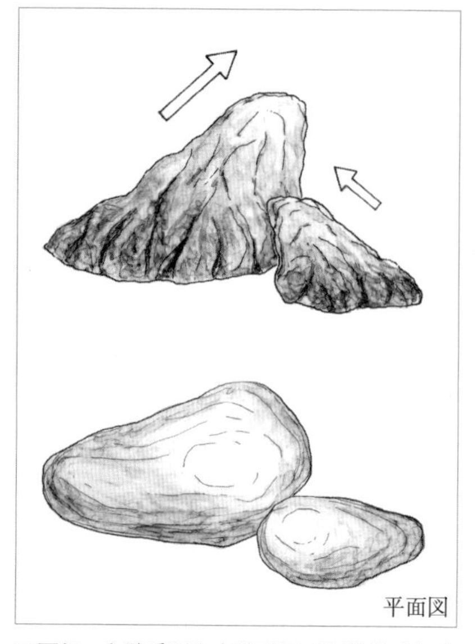

二石组　左胜手石和右胜手石互相依靠看起来稳定。这个石组因为向右方的气势比较强大，所以空间整体扩展右侧的话会更稳定。

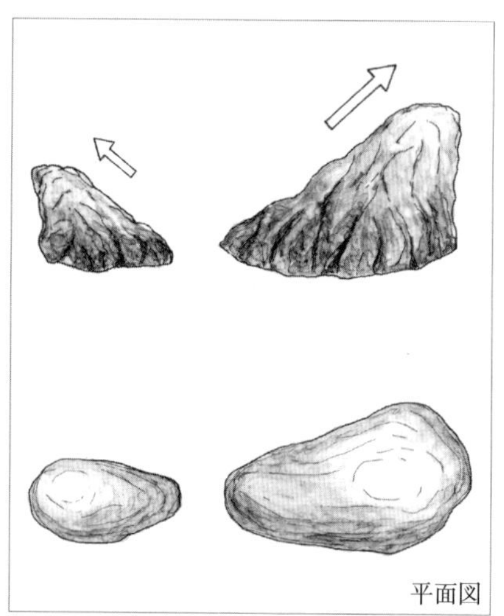

二石组　右胜手石和左胜手石就好像互相拉引一样看起来稳定。这个石组因为向右方的气势比较强大，所以空间整体扩展右侧的话会更稳定。

砂面会显得更加开阔，让人感到庭园变大了，看起来温婉稳定。安装得高的话，会显示出凛然的张力，由于凹凸感变大，庭园让人觉得狭小。在有限的空间里，必须在脑中思考想要让人感受到什么样的空间，再进行石头安装。同样的石头只是因为安装方式的变化，在那儿流动的空气会有很大的不同。

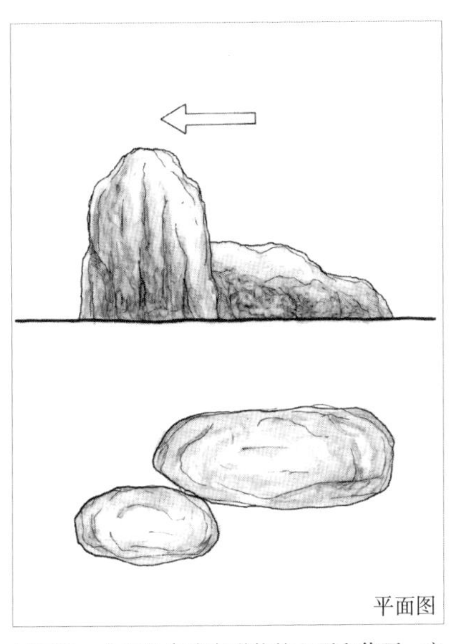

二石组 由于组合稳定形状的立石和伏石，产生了向左方向的动感。这里扩展左侧空间的话会更稳定。

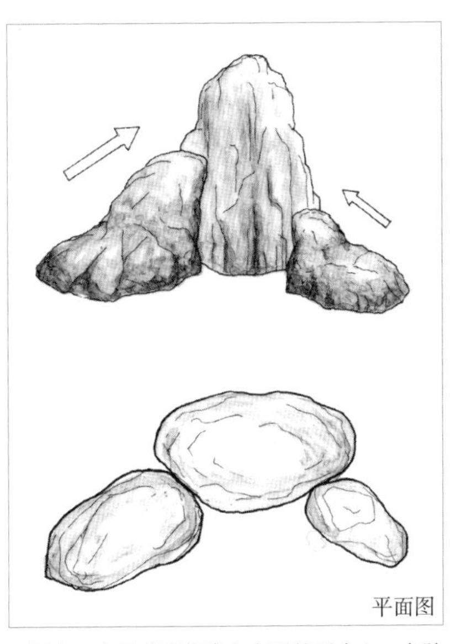

三石组 左胜手石依靠在主要的石头上，右胜手石也依靠在主要的石头上。这座石组在右侧扩展空间的话会更稳定。

二石组

三石组

石筑

石筑就是根据重叠堆砌石头，用作由于地基高低落差生成的斜面的挡土墙，从而做出风景的。图上由使用鹅卵石和碎石的古代施工方法做成石筑，但是较高的情况要预先做好混凝土的基础工程才比较安全。石筑的高度较矮的情况，像图那样采用由鹅卵石和碎石做成的施工方法就足够了。

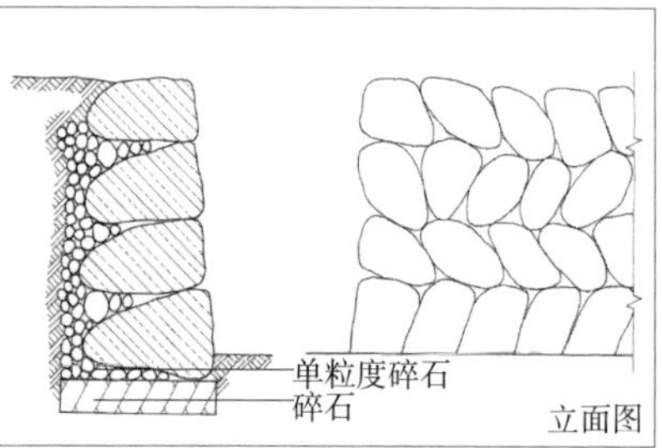

反向箭羽石筑 每一段都全部朝着一个方向倾斜，再在其上朝着相反的方向倾斜组合，如此反复进行的土木工作。因为土含水的话横压会变大而产生倒塌的危险，石头里侧必须从下至上堆满20～30cm厚度的碎石，来让排水变好。

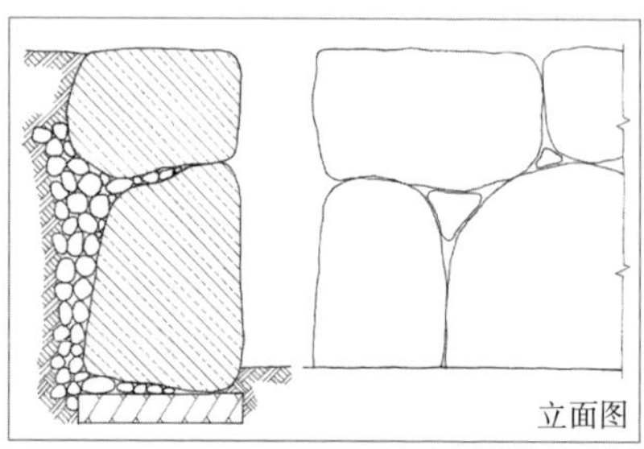

自然面石筑 使用野面（保持天然形态岩石面的石头）的大石头组合的庭师的工作。应该注意的是，在其上面预计再组合石头的话，安装石头的上面要如图一样必须向后朝下倾斜。不这样做的话，由于地震等外力的影响下，上面的石头就会向前滑落。是不需要混凝土和胶土进行固定，以石头自身的重量就能稳定的组合方法。

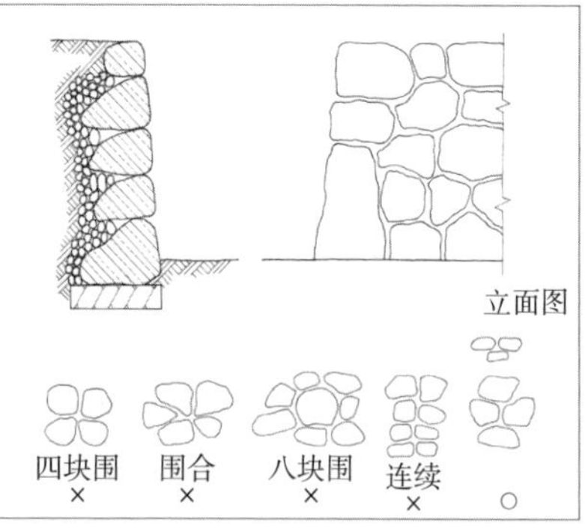

龟甲乱石筑 欣赏石头之间接缝变化的石筑。因此，选用大小形状各式各样的长短大小的天然石进行组合，能够让人看到其接缝花纹的有趣。此外，要避免如图所示的“连续接缝”和如“四块石头”一样形成十字、如“四处散播”一样接缝集中于一点或是在大石头周围围绕一圈小石头的情况。这样的石筑不仅在观赏者眼中没有约束，在力学上实际的强度也较弱。

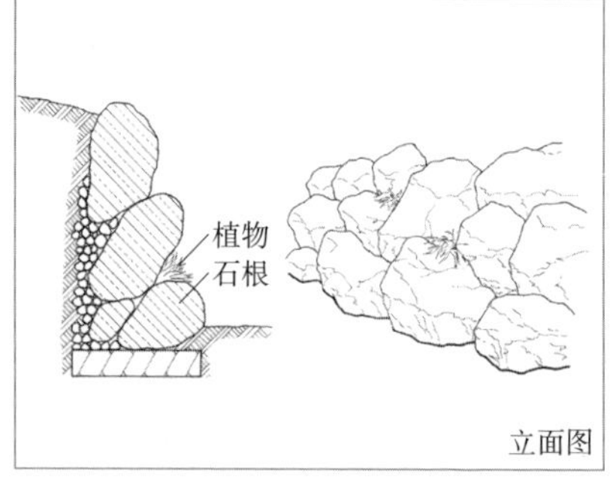

垮石筑 石头崩塌由其各自的自重勒紧为坚固稳定的姿态的组合方法，是最为牢固的石筑。与其他石筑不同的是这种石筑在地震中摇晃的话，会慢慢地勒紧石头之间的咬合。除了根石（与地面接触最下面的石头）以外，都要倒向前组合，一个接着一个堆上去的石头要加减向前的倾斜度来进行组合。垮石筑就像断面图所示的一样，石头与石头之间能够形成罅隙，在那儿种上植物可以显现出天然的风情。

植栽

植栽工程的流程

寻找材料

在海外因为几乎没有像日本特有的那样以有弯曲的树干和有动感的树枝等来评价具有风情的树的习惯，所以在苗圃对于日本庭园来说好材料不多。在海外大多数苗圃，都是数百棵笔直、均一形状、同样大小的树木。例如，就像树墙中使用的树木、高树使用的树木一样，将树木以一样形状进行量产。集中种植像日本式树木一样的红叶树的苗圃比较稀有，有时能在那样的地方找到合适的树木。

为了找到有趣致的树和有个性的树，除了在苗圃查找材料之外，最好能找到放置树木之类的地方。这固然非常困难，重要的是要耐心寻找。

在苗圃查找材料。由于要选择日本式的有风情的树，而不使用笔直的树和采用装饰性树木修剪法的人工形状的树。树墙虽然可以使用均一的树，但因为是在庭园中种植，而要按照枝干伸展自由、树枝能在风中摇曳这样的氛围来寻找别具风情和品格的树。

在苗圃查找材料。在海外的日本庭园植栽的树木，使用当地的树木。适应当地水土的本地树木，比起从日本带过来的树木，更加利于削减成本，今后也易于维护管理。

在苗圃找到了符合日本庭园氛围的树木，记录下树高、叶展和干粗。

在苗圃查找材料。

在寻找树木和石头时，如果有能用于山中的地面植被或点缀的野草的话也一起采集（照片的植物栽种在庭园里的石组之间）。

在使用的树木上做上标记。

树木的搬运

用地外停着起重机，把树木运进用地内。

松树的搬入。

树木的种植

高树的种植。如果庭园中石组等骨架建好了的话，首先要种植作为主树的高树。其次在高树之中，与主树保持平衡种植点缀的树木。再种植作为其背景的高树和遮住景色背后的树木。

中树、矮树的种植。为了更加增添庭园的氛围，而种植中树、矮树。

灌木的种植。氛围八成出来的时候，为了把树脚下联结在一起而种植灌木。

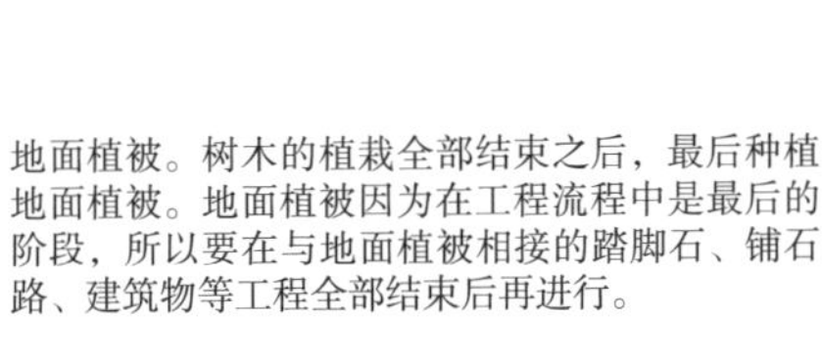

地面植被。树木的植栽全部结束之后，最后种植地面植被。地面植被因为在工程流程中是最后的阶段，所以要在与地面植被相接的踏脚石、铺石路、建筑物等工程全部结束后再进行。

种植树木的详细工序

① 树坑的挖掘。树根土包的大小是树根直径的4～5倍，树坑的大小至少必须是树根土包直径的2～2.5倍。树根土包和树坑之间间隔20cm～30cm的话能够自由地使用铁锹，比较容易作业。

② 用起重机搬运树木。在重心所在的地方，用绳子、草席等做好保护，防止伤害到树木。

③ 树坑的底部要深耕，在土中混合土壤改良堆肥和珍珠岩等，来促进树木的生根。另外，底部的中央部分要抬高，这样容易进行树木朝向和位置的调整，同时也能够让土在树根土包下面充分铺满。

④ 树木的栽入。要看透树木的表里，观察现场的氛围来决定树木的朝向。

⑤ 用压棒将土压住固定好，重新将土埋入。同时，从树木的生长面来看如果土壤的状态恶劣的话，设置氧气管，改良土壤的透气性。种得深的话会形成二重根，要注意可能会导致树木生长态势衰退。

⑧ 作为水分蒸发防止措施和覆盖材料，将土壤改良堆肥撒在表面。

⑥ 伸出地面部分的氧气管。为根补给所需的氧气。

⑨ 种植结束。

⑦ 重新将土埋入之后，在树木周围堆土，做成一个水钵。这样做的话会使雨水或灌溉的水积存在水钵中，树木所需要的水分会流入树坑中。

现场对树木生长不利的话，需要用土壤改良堆肥和珍珠岩等土壤改良材料来改良土壤。

植栽方法的基础知识

庭园植栽的构成

在以植栽为中心构成的日本庭园中，从用地的中心直到临近用地界限都栽种着许多植栽，占据庭园景色的大部分。因此，庭园由于要让人看上去是一个完整的景色，植栽的栽种方法就显得非常重要。要考虑植栽的大小及姿态、种植的地方、栽种的朝向及倾斜度等，做出成为一个整体的庭园景色。

构成庭园的景色，由在建筑物或者为了观赏庭园的观景点近处的“近景”、位于中间的“中景”和远处的“远景”构成。植栽就是在各个地方，与天然植被一样混杂高树、中树和矮树，适应各个地方情况的植栽技法。

穿过近景树木的树干，欣赏景色。

① 近景植栽

种于建筑物近处，调节射向建筑物的光照。另外，为了透过种到景色跟前的近景枝干来欣赏庭园景色的做法，是日本庭园独特的“幽玄”技法。由此而形成趣致景色的同时，即使在狭小的庭园也能够让人感到纵深感。为了避免树木过分繁茂而遮住景色，近景植栽多数只用高树和矮树做成。

作为光照的调节，特别是在日本夏天需要避免强光照射，冬天则需要阳光照入，常采用冬天落叶的落叶书。在海外，不妨碍大致同样地考虑。常绿树的话，叶子生长繁茂到一定程度为了确保视界而要频繁进行修剪。

近景植栽因为要近距离看到树干，最好选用树干表面及枝展漂亮的树木。另外，选择花香能够向室内飘香的树木比较好。

② 中景植栽

中景植栽是作为庭园中心而制作景色的植栽。另外，透过中景植栽看到远景能在庭园中感到纵深感。因此，要留意中景不能够中断庭园，例如远景为瀑布的话，中景要考虑种植下枝少的高木等。

如果遇到庭园用地狭小、中景和远景不能充分拉开距离的情况，中景和远景采用树形截然不同的植栽的话，就能够让人感到清晰的纵深感。

庭园的所在地如果周围是山或天然美景的话，可以以此为借景引入庭园，从而能够省略掉远景植栽。这种情况的中景植栽种植可以透出借景的高树和达到遮住从用地外窥视庭园内的一定量的中矮树。

③ 远景植栽

远景植栽是作为庭园的背景起到庭园外围墙的作用。与让人能够透过看到背后事物的近景植栽和中景植栽相比，在这一点上有很大差异。远景植栽不能让人看到其树高以下的背后事物，树高以上的周围景色则可以看到。

为了让庭园尽可能地看起来开阔，先要让人感到远景很远则是有效果的。为了让远景的树木看起来远，最好选用枝叶纤细、阴影较多、树姿直立的树木。另外，根据周围状况，兼做庭园外围防火墙作用时，要种植常绿阔叶树。

近景、中景、远景 由高树和灌木构成的近景。以池塘为中心广阔的中景。由针叶树形成的远景。远方能够看到的山脊也成为景色的一部分。

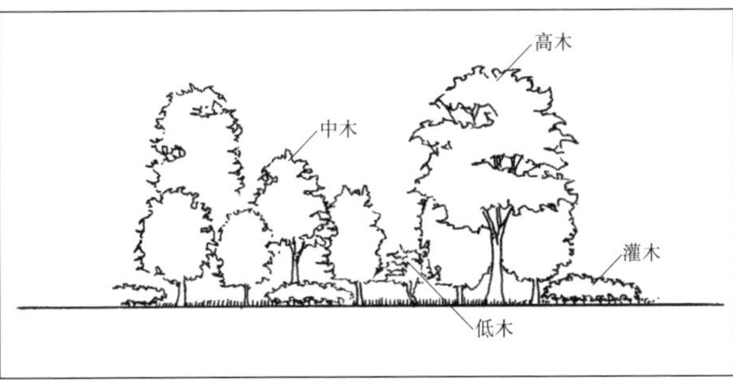

阶层植栽 植栽主要由高树、中树、矮树、灌木和地表植被构成，根据场地而变化其构成。

表、里和背、腹

树和石头一样有“表”和“里”。表相当于脸的部分，主要是在观赏时富有美丽雅趣的一侧为表，要朝向能够看到的方向。绝少也有从哪个方向看都好的树木。另外，也有根据植栽场所和目的自行决定种植方向的情况。树也分左胜手和右胜手，和石头完全一样进行性格区分，有适合种植在右边的树，有适合种植在左边的树，更有添加树木的话就会取得平衡的树。因此，必须在理解木心之后进行处理。也就是最终要问树想要被种植在什么地方。

树有“背”和“腹”，朝向内侧的一方为腹，朝向外侧的一方为背。要区分这些进行种植。

一般来说满足以下大多数条件的一方为表比较好。（主要①和④比较重要）

① 如果是垂直种植的树木，能够看到最笔直的一方为表。

② 树枝规整匀称的一方为表。

③ 醒目的相邻的两个大枝，在平面内从树干张开的角度小于180°的一方为表。

④ 弯曲树干的话，树梢向右前方或左前方弯曲的一方为表。

⑤ 树干弯曲能够看出向内侧倾斜的一方为表。

⑥ 粗树（喜欢粗干而种植的树木）的话，能够看出树干最粗的一方为表。

⑦ 仅欣赏树冠的话，叶子有光泽的一方为表。

根据枝叶的连接方式形成的表里 树枝间无缝隙的一方为表，这里那里能够看到树干的一方为里。要让人欣赏树干的情况，特意让表里一样能够让视线穿透树枝。

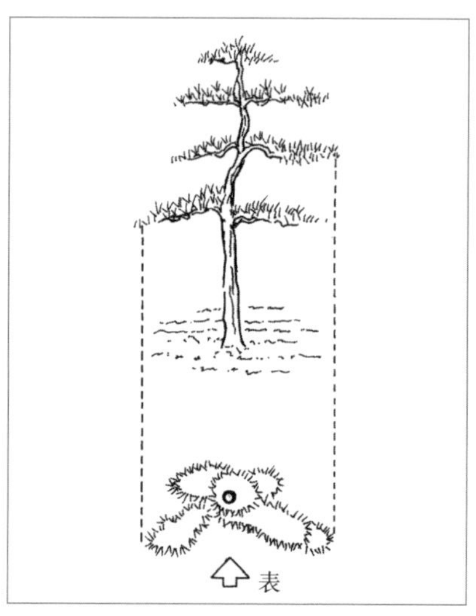

根据树枝角度形成的表里 主要树枝的内侧为表。

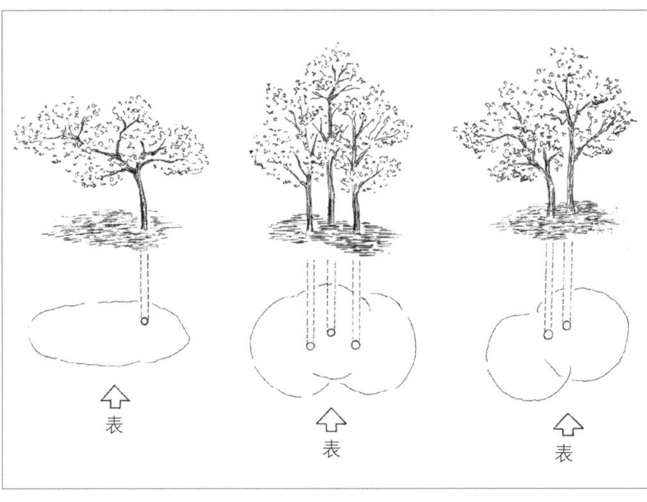

树冠指向和一道种植的表里 树冠有指向的树木，倾斜的内侧为表。三棵一道种植的话，两棵树向前出去的一侧为表。

松树的表（左）和里（右）。表树枝多、叶子表情丰富，里相比较而言给人以贫弱的印象。

迎客树。迎接客人的场所以树的“腹”朝向欢迎的方向形成“迎客树”，能够做成迎接的空间。以背相对则给人以拒绝的印象。

立入

植栽时，看上去最美的树木倾斜方式和位置决定方式称之为“立入”。松树等形状不规则的树木立入难的情况很多。在日本庭园注重如何发挥每棵树木所持有的特征。弯曲的话就发挥其弯曲的特征进行使用。看透拥有什么样的氛围，从而发挥这种氛围进行使用是很重要的。在这一点上，与喜好规整树形的西洋整形式庭园有很大差异。

立入的标准如下：

① 采用叶面最向阳的方向。

② 树木的新芽、新稍要平均向上。

③ 直干的话要笔直。

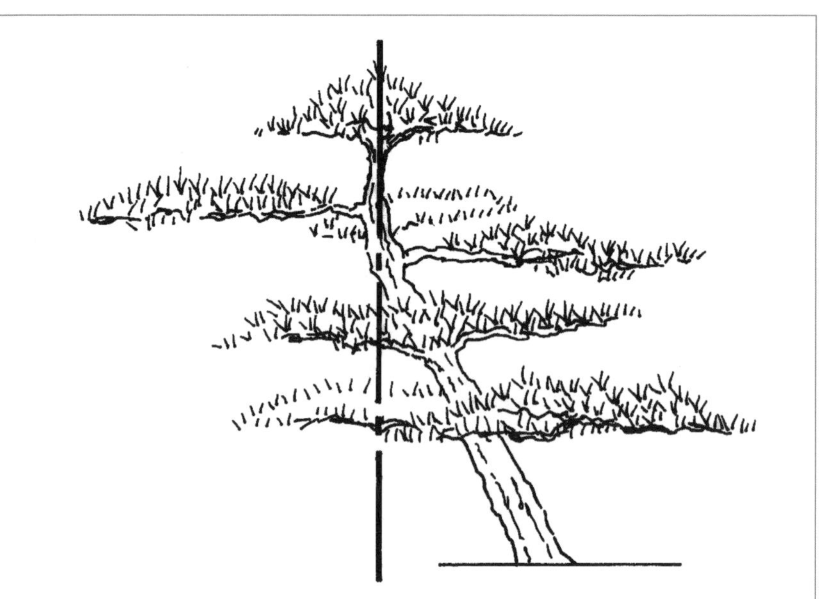

松树的立入　曲干的树木要取得左右平衡以安定的姿态进行种植。

树木相互之间的调和（主树、添、对）

被种植的树木与相邻的树木要吻合调和，这一点很重要。因此，要考虑树木的种类、树形、大小、数量、位置、色调。

为庭园塑形的树木，由结合数棵的植栽群组合而构成。日本庭园的天然风格植栽，所谓“主树、添、对”由三棵组成的不等边三角形构成最简单的种植单位，要避免三棵在一条直线上等距离排列。再添加上“前附、后衬”，就进一步完成了种植单位。在实际种植中，在基本上附加或省略这些，树木的棵数喜欢采用“三、五、七”这样的奇数。

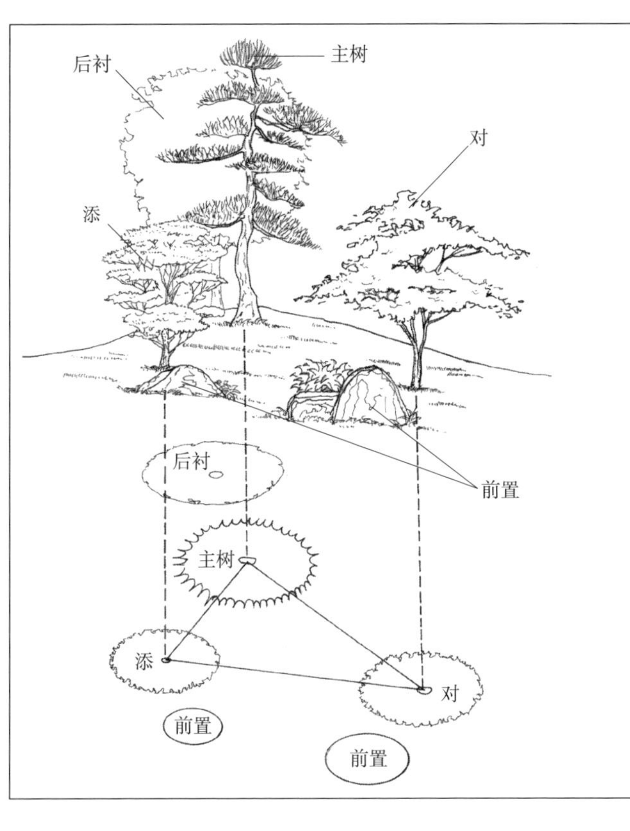

主树、添、对、前置、后衬

主树…在作为景观中心的假山和石组间种植。一般采用树姿雄大树形有变化能在庭园内感受到最大力量的树形。因为作为庭园的骨骼需要安定、一年到头都要能让人看到绿色，适用常绿树。

添…目的在于补全主树枝展不完全的地方，使用添加于主树。树种选择与主树相同或者外观相似的树木，树高为主树的二分之一左右，样子要与主树协调，再进行栽种。

对…因为是与主树、添相对的意思，采用树形、树姿给人完全迥异印象的树种。因为主树或添的树形多数为直立型，所以采用树枝舒展的树形等比较好。

前置…主树、添、对的下枝欠缺时，在其前方配上矮树或者下草及庭石。前附也称之为“受”、“控”、“前置”，在补充三棵一组的植栽形态上的缺点的同时，目的也在于从主树顶点到地表形成较自然的树冠连接线。

后衬…作为背景植栽，在一群植栽后方种植，显示出距离感和立体感，从而衬托出植栽全体。

一道种植中的立入标准

① 植栽树木较多时，处于中心的树木必然要直立，外侧的树朝向阳的方向倾斜。

② 一道种植中在四周附属的以飞出姿势种植的树，要朝与一道种植的中心相反的方向倾斜。

③ 树干和其他树木交错时，在眺望观赏的方向中要能让人看到粗大的树干，纤细的树干则要交错在其里侧。树干缠绕交错的做法，在想要打破单调时进行。

群植 群植时，要注意保持若即若离的位置关系。树枝短的置于内侧、树枝向外伸展的置于外侧的话，就能模拟出天然植被的样子。

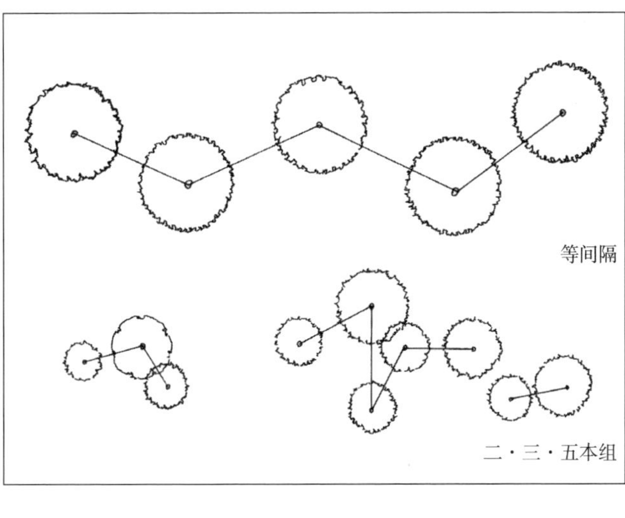

一道种植的排列 数十棵树一道种植营造天然风格树林时，可以简单总结为“二、三、五棵一组”这样的排列组合。因为三棵树如果在一条直线上等距离排列时，容易给人造成拘束的印象，要避免如此。虽然有例外作为实用目的来防风、防火时等距离种植比较好，但是如果这些也要成为风景的一部分时，还是要避免等距离种植。

两棵树的交错 细树从粗树前面绕的话会让人看起来很郁闷，反过来从后方绕的话则不会让人在意。

和树木以外事物的调和

庭园中有建筑物和独立设置的构成物和添景物，这些和植栽成为一体构成一个庭园。作为构成物和添景物，有墙壁、铺地、台阶、踏脚石、四方亭、门、石砌、竹篱笆、灯笼等许多形式。在与这些进行调和的时候，倾向于以枝叶向开阔处伸展、叶子朝向表的方式种植。

树和设施 建筑物看上去就像撑住树一样，倾斜的树安定下来。

对于建筑的点缀 在建筑物一翼的树，向空地处倾斜。

树和石 树让人感觉有向左下方的动感，通过安放石头使树达到安定。

遮住飞泉的树。为了让人感到纵深感，来隐现深处的事物。遮掩建筑物和瀑布、塔、灯笼等而不显露全景。

支撑的树木。作为灯笼的支撑，在其背后种植树木的话，就会形成安定的空间。

根部和地被

① 根部

为了更好地融入地面环境，需对树木和石组的根部进行处理。

天然风格植栽或天然风格石组的根部，为了让植物看起来是自然生长，有破坏轮廓的种植方式。意图将根部种成圆形时也可以修剪成圆形，但是种植时想要反映天然风格的话，则要将树冠修剪形成高低落差。

在高树少视界开阔的地方，由根部来做成伸展的空间。

石组的根部 庭园的左侧放置石头，在其右侧有展开庭园景色左胜手石。根部的植栽为朝向空间展开方向的低矮种植的话，则会给人以安定感。

作为建筑物的根部，在墙脚周围种植小树的话，能将建筑物和地面融为一体。

② 地被植物

地被植栽也能称之为庭园工程收尾工作。在为日本庭园增添细致笔触的同时，目的也在于再现更近于自然的景色。考虑石组和其他植栽的调和和性格匹配，选择适合那个地方的植物。以自然风景为模板选择不别扭的树木为基本。例如，竹子下面种植蝴蝶花或小竹、红叶下面种植青苔之类的风景，可以说是日本的原风景。另外，石组和石砌的石头之间的缝隙，保持良好平衡夹杂种植羊齿类植物的话，就会增添天然氛围，石头也宛若自古以来就在那儿一样，不经意间融入庭园，合为一体。如果懈怠这一点，听其自然完成的庭园，往往会看上去会让人觉得像是一个模子刻出来的，只是缺乏安定感的模仿物。

总之，地被虽然常常被认为是次要部分，但是由于这些是最后的选择方法之一，能够改变庭园的形象，即使说是能够决定成败也不为言过，不能马马虎虎地考虑。以下举出在海外相对而言容易入手且适合日本庭园的代表性地被。但是海外绝不仅仅只有这些，重要的是要从当地固有的植物中努力挑出适合庭园氛围的植物来进行使用。

○青苔…能够做出日本庭园特有的优美表情。适用于安定恬静的庭园，但用于以石组为主的庭园假山时，则会让人感到山的绿色，让人看出与石头的优美对比。生长必须要保持一定程度空气的湿度，根据其土地环境有可能无法生长。也有进行定期灌水来解决的情况。要认识到这是如若疏于管理就会马上受损的敏感植物，竣工后要转达切实保持其养护方法的管理负责人，来实施养护。

○小竹…适合于营造野趣横生的景色。但是，由于结实的地下茎逐步蔓延，会造成其他地被枯萎，因此在为了阻止其繁殖的界限，要围起40英寸左右深度的墙壁。也能起到防止斜面土壤流失的效果。

○富贵草…结实，在半日阴处生长良好，耐寒性强。因为没有太强个性，故适合各种各样性质的庭园。不仅日本庭园，也适合洋风庭园，其使用范围甚广。

○蝴蝶花…适用于安定表情的庭园。虽然作为点缀少量使用也行，但是用于在半日阴地面覆盖全部面积的斜面时，格外富有野趣。

○玉簪花…结实，适用于半阳、半阴地面，向阳种植。叶子的斑点和大小有各种品种，特别是明亮叶色的品种，作为景色的点缀非常有效。适合于水边湿润的场所。

○岩垂杜松…适用于拥有严肃表情的庭园。在阳处覆盖远景广阔面积时有效，特别是和石头的性格十分匹配，也能达到防止斜面和倾斜地土壤流失的效果。

○羊齿类植物…有让人回想起天然朴素风景的效果。一般不大面积使用，最好在石组的缝隙和安放石头的根部处作为点缀使用。如果可能的话，是在日本庭园一定想要加上的植物之一。

○水边…有石菖、木贼、菖蒲、睡莲等，要选择适合于其景色的植物。特别是石菖等，只要在水流边缘少量点缀的话，就能增添雅趣。

枫树下方的青苔。给人以安详的印象。

踏脚石周围的小竹。与石头的表情一起让人感到野趣。

优美青苔的施工案例。踏脚石和小竹让人感受到相映衬的纤细。在土上作出凸起处贴上的话，苔藓的个性会格外得到彰显。

茶室周围（露地）的地被使用。在露地的话，要留意营造出滋润恬静的氛围。

青苔（近处）和草坪（远处）的对比。在海外像照片一样由西洋草坪构成大面积地被植栽的例子很多。也许是比日本草坪颜色色彩度高的原因，给人造成明亮干燥的印象。

点缀石组的羊齿类植物。光是石组的话表情会很生硬，但是通过加上羊齿类植物，能够平稳地融入庭园，宛若历经岁月依然存在于那儿的样子。

第5章

设计案例

设计案例

柏林的日本庭园“融水苑”

所在地： 德国柏林，Erholungspark Marzahn 公园
竣工： 2003 年 4 月 30 日
面积： 2800m^2
甲方： 柏林公园绿地公社
设计时间： 2001 年 3 月 ~ 2001 年 11 月
施工时间： 2001 年 11 月 ~ 2003 年 4 月（冬季停工）

概要：本庭园建造于原东德柏林面积为35hm^2的原有公园里。东西德统一后，这个区域比起原西德很多方面有所不便，居住人口也相对较少。德国合并后，使原东德地区拥有良好的城市印象便成为重大课题。德国政府为了东西德更好地融合，企划以西向东发展，开发东部城市，使东部城市更具魅力吸引居住人口。为此，这个公园也是在政府的企划下进行的改造，取名为“世界公园”。“世界公园”以展示世界庭园文化的多样性为目的，邀请世界各国园林代表参加此次改造。

本庭园似水融一心作为主题，以象征德国的过去、现在、未来的时间轴线景观与建筑物及园路构成了回游式庭园。瀑布、水池、河流，参观者最后来到枯山水主庭，通过枯山水的龙门瀑布（禅宗典故而来）象征人们未来的展望。

庭园以茶室为中心分为三个部分，其为两个观赏式庭园“池庭”、“枯山水”与具有多功能性的“草庭”。具有不同样式、姿态的三个庭园，其回游动线连接后，相互呼应成融为一体。

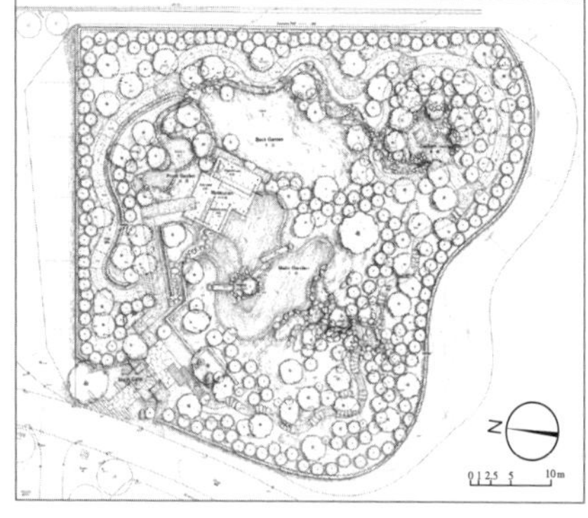

平面图
得到委托者提供的现状图及现场勘察后，整理所得资料信息，绘制平面图。

设计过程

根据此实际项目，介绍庭园设计的流程及实际发生的问题。

项目委托

2001年3月。委托者（柏林州政府）的代表与专家顾问带着企划书、现场图纸、照片、日程表，预算经费等来到日本，委托项目设计。

现场勘察

2001年4月。设计者（本书作者）来到现场，确认当地环境气候等，并与有关人员进行了交流。在交流中有得知原本规划用地在“世界公园”内根据需要可以变更，但最终用地位置还是选用了最初设定地点。根据用地地形的优劣，寻找设计重点地区，制定设计方案及作出大致方针。此外，调查用地原有树木，给出了移植或砍伐的指示。在这个阶段需要对当地植物熟悉的工作人员参与，但此次用地内原有树木很少，这些树木几乎都被移植到同公园内其他地方。

接着调查当地的材料。在公园的苗圃里寻找日本庭园可用的植物。柏林属于冷温带落叶阔叶林，落叶阔叶树种占到了百分之九十。无奈于像茶花、栎木等常绿阔叶树种几乎没有。在公园苗圃内确认如枫、马醉木等日本庭园内常用的树种，公园苗圃内没有的植物，则力图通过市场购买。石材的调查，确认了公园石材放置地现有的石材，发现之前其他工程使用后留下的多余石材可供作为石板、边缘石使用。关于自然景石的寻找，设计师把日本庭园内所需景石的姿态气韵告诉当地工作人员，但之后因地质及工作人员等问题，费了很多时间才找到相对可用的景观石材。

用地视察

材料调查
照片树木是日本没有的树种，但因有风情姿态，也被使用。花期有白色小花开放，优美动人。

设计

用地现场调查结束后归国，开始整体设计。以下是过程步骤。

① 建构设计概念
② 制作基本构想设计
③ 会议提案（2001年6月）
④ 预算提出
⑤ 预算调整案提出
⑥ 设计深化（2001年8月～2001年11月）
⑦ 报价单

首先，以主题思想为轴线开始进行设计。以日本的基准计算规划预算。实际预算与德国方有一定的出入，预算阶段需要把明确的费用告诉委托者。第二次我们带着提交方案来到当地，向委托者汇报。虽然设计内容得到了委托方的好评，但以日本基准计算的预算费用远超过于委托方的预算。日本熟练工的施工单价是德国施工单价的3倍，为减少开支，提出了缩小日本工人施工范围的方案。

之后，当地专家顾问以德国基准计算了规划预算，设计者（本书作者）从而了解当地树木、施工等费用。至此，以德国方预算作为参考，尽量把整体费用控制在预算内，数次回到日本，修改整体设计方案。特别是此次日本庭园内建筑物以传统建筑数寄屋为主，在建筑的制作只能由日本方实行的情况下，控制整体预算改变设计方案成为了之后的课题。

在控制了整体预算后，便开始了设计的深化。设计深化的图纸和资料交付给委托者，与当地专家顾问协商下，提交了报价单。此次费用预算稍微超出委托者预算范围，但在可以调节的范围内，所以之后在设计方面没有较大的改变。在此阶段，最终决定了日本方施工范围。

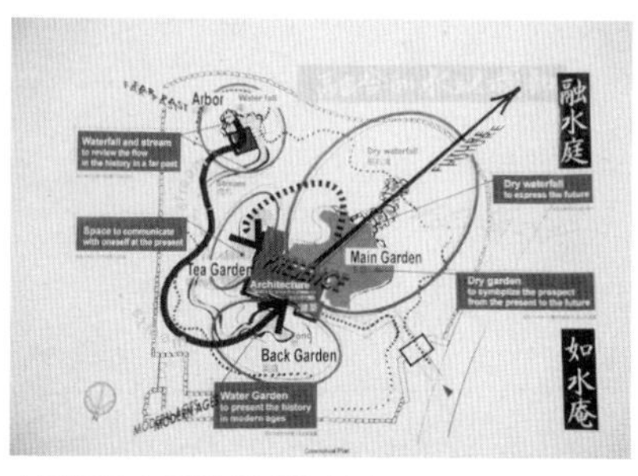

庭园设计主旨说明用模式图

庭园内较高处眺望主庭的景色。设计修改前最初设计案。

施工

柏林冬季寒冷，期间施工不能进行。本项目施工2001年11月开始，至2003年4月竣工。实际施工工期仅10个月。

本项目施工中，自然石的石组制作是重点，本项目庭园的成功与否就取决于石组的制作。此外，水池、瀑布的地基，建筑物的施工等时间的把握也是顺利完成施工的关键。

整体施工分4个阶段进行，以下分别介绍其过程。

阶段 1：大体框架制作

① 框架制作

首先，在日方施工人员还未到达前，由当地施工人员大致制作。等第二年开春后日方施工来到现场，实行调整。日本施工人员以“制作木桩”指示置放瀑布石组的地基地型、石组高度、相互关系。在地面上置放石头时泥土的高度调整是一定要有多年日本庭园经验的施工人员才可进行的。

在建造的过程中，需确保作业用通路。此时，当地施工人员与日本方施工人员共同协商，探讨施工工程进度并做出决定。工程必须确保材料运输车、作业空间、起重机的停放场所等因素，高效地完成第一阶段的准备。

大体地形制作完成，图中用木桩的作为标示

② 寻找石材

石组作为本次施工的重要部分，选择好石头是这次施工成功的关键。但在德国寻找符合日本庭园气韵的景观石非常困难。在地质形成的过程中，冰河时期，地表被冰水冲蚀，绝大部分石头都被磨成平滑状，姿态缺乏变化。在欧洲建造庭园、建筑时也没有使用自然石的习惯，所以自然石存在场所的信息也不多。2001年间，在柏林提案汇报后，多次在公园周围寻找，可最终只寻找到5块可用自然石。至此知道公园及周边并没此类石头，通过介绍，在德国地质学家的帮助下，最终在萨克森州的山林里找到了所需要的自然石。有关专家及工作人员奔赴山林现场，拍得照片后，传送到日本。确认最终使用此地自然石后，接下来就得考虑运输及搬运手段。但此时又遇上了萨克森州管辖政府对于自然保护区域内采集石材问题的纠纷。在反复交涉后，终于得到了采石的允许（在此对提供帮助的相关部门表示感谢）。

寻找石材
在选定的石材上用石灰做上记号，考虑到搬运，不是用山林深处的石材。

③ 现场施工道具的运送

在施工过程中，使用其他国家的造园道具，是非常不顺手的。比起西方的造园制作，日本庭园建造过程中对细小部分的控制尤为注意。而委托方提供的道具规格与日本传统的道具比个头都大。在寻找石材期间，日本方的施工人员达到现场，确认了可以使用的道具，而其他德国没有的道具，都由日本方提供。道具由日本运送至德国，本因使用价格便宜的船运，可此次因工程工期问题，选用了航空运输。

④ 日本方施工人员进入现场

2002年5月，日本施工队进入现场。刚开始的一周，时差及生活习惯的适应成为了日本施工人员最大的困扰。确认当地施工方的进程后，决定了大致的工程。没有日本庭园施工经验的当地施工人员在施工过程中，为避免施工顺序错误，每周与日本方施工人员进行会议交流工程进度。此外，在设计者离开现场后，日本方施工人员与委托方施工相关人员一起确认现场状况，协调现场施工。

当然，这些施工人员（日、德两方）在语言沟通方面也有很大的问题，现场需要有翻译人员在场。

⑤ 由日本方运送的物品准备

使用的材料尽可能用日本提供，日本独有技术制作的物品等由海运运送到柏林。运输时间含关税审查需要1个月左右，在准备期间需把握好时间以免耽误工程。本次施工由日本运送的材料有：数寄屋的建筑木材、建筑用地基石，柱墩、竹篱笆、和风照明工具、茶道具、挂轴等。

在日本石头的特殊加工
石头的加工处理在日本进行，一些细微处的变化可能会导致整个石头气韵的改变。图中是预定茶室内置放壁龛下的日本产自然石头。石头的一部分需要加工，设计者在指示加工范围。

确认日本木材
茶室所使用木材的购入、雕刻、组合等由日本数寄屋建筑专业工作人员实行。期间设计者确认木材及木结构组合。木材按照需要尺寸加工后，运往施工现场。到达施工现场后，有日本方的数寄屋专门施工人员（打工）拼接组合。

⑥ 石组

2002年5月末。石材抵达施工现场后，设计者也同时来到现场，原本预定实施石组的施工。但来到现场发现，河流、水池的混凝土地基还未完

成，这使得施工顺序有所改变。

石头的置放先从直接可以在土地上施工几处开始。用地内停放好移动式起重机，开始了枯山水的制作。

石组用储放地
为提高工作效率，被运送来的石头摆放时要让人能看清石头的正面。此外，施工中用来屯石的地方，需不影响施工，宽敞且容易辨识。图中后方的小屋是现场存放工具的地方。

石组施工开始
利用大小挖掘机、起重机置放自然石（第7章道具参照）。在制作石组之前，先用“木桩”把置放石头的高度、位置标出。确定“木桩”位置后，在设计者的指导下，由日本施工队完成置放石头的工作。

风景确认
在石组制作过程中，设计者在之后作为主要观赏庭园位置的茶室处（视线、位置高度相同），确认及调整整体景观。

当地工作人员参与施工
为了庭园竣工后维护管理人员能更好地理解日本庭园及树木石头，施工过程中邀请了有日本施工经验的当地施工人员及公园管理局的工作人员参与施工。

⑦ 框架、建筑地基

框架的施工由当地施工人员制作。水池、瀑布、河流的框架由于工程关系，最先施工完成。在设计者确认枯山水石组、池泉位置及整体调整后，进行园路铺装、建筑物的制作。

框架施工
德国施工队制作的框架非常严谨细致，其构造方面比日本的更为坚固厚实。

建筑地基
在设计者位置确认后，当地施工人员开始制作建筑物地基。地基上的洞穴是之后茶室础石置放的位置。础石（又名：柱础石）是柱子下面所安放的基石，这些是由日本制作后运送来德国的。建筑物的地基完成后，日本方数寄屋的大工来到现场，确认现场状况与当地施工人员交流。至此，开始了建筑物正式的制作。

阶段2：加工

⑧ 框架上的石组（水池、瀑布、河流）

等框架的混凝土干燥后，石头开始了组合。石组的制作顺序是先由上方的瀑布开始，其次是河流，最后是水池，从上至下的制作。石组制作模仿自然，从上流险峻，渐渐地到下流迟缓悠长。

上流瀑布石组

驳岸石组

河流的驳岸石组制作。在德国方当地施工队所制作的框架基础上制作河流驳岸。此时出现了一些问题，因框架制作过于厚实平整，不能表现出自然界中上流至下流河岸的自然过渡。为此只有堆土补救，工事花费时间比预期稍有拖长。

⑨ 其他石头的置放

景观石桥的安装

枯山水石组完成后，安装了作为景观用的石桥。利用链轮和滑轮工具用两根铁缆吊起长石块，调整石块位置。

⑩ 树木再确认

石组完成后，冬季来临。做苗圃中植物最终确认。在冬季，由于没有叶子，更容易看清树型，选定好树木后做上记号。

树木再确认
日本方施工人员来到苗圃修剪树木。庭园内需要种植一棵树型好的松树，日本方施工人员趁冬季修剪枝叶制作松树树型。

⑪ 贴石

在园路的基础混凝土干后，开始贴石工事。此时，河底、池底的贴石也同时进行。园路使用的贴石需要较为平坦，在日本能买到专门给贴石使用的石料。可是德国没有这样的特殊石料，购入1吨石材后结果只有百分之十是可以使用的。

园路贴石
这是非常细致的工作，即使日本技法熟练的施工人员，一天也只能铺0.7m^{2}的面积。

池底的贴石
河流的贴石由日本方施工人员制作，池底的贴石则在日本方的指导下进行由德国方制作。河流的水波大小变化取决于河底的贴石，这也需要有熟练施工经验的工人才能制作。类似日本庭园技法的施工大多都由日本方制作。

⑫ 水景设备试运行

池底、河流的贴石完成后，水景设备试运行。同时也确认瀑布、水流状态及驳岸与水面的关系，从而做以调整。

阶段 3：主体制作

⑬ 建筑工事

2002年8月，茶室和主门开始建造。可是日本的木造建筑在当地建筑许可的取得上出现了问题。我们坚持日本的传统木造工法不能为了西洋的建筑基准而改变结构。为了得到德国方的理解，日德两国有关人员进行了多次商谈。最终得到了许可。此后，在日本加工完成的建筑材料抵达德国现场，日本施工人员在很短的时间内组合了这些加工材料，很快建筑物就初见端倪了。建筑物地面铺装、础石、竹篱笆等制作也随之进行。

入口正门的建造
图中为本庭园的正门，右手边放置了刻有庭园名称的园铭石。

茶室的建造
日本方大工4人、泥瓦匠2人、金工师3人、施工管理1人来到施工现场。茶室的施工作业时间为一个半月。

⑭ 填石

放置填石
所谓填石是在日本木造结构建筑底部作为装饰用的石头。填石制作需要较为平整的石头。寻找合适的石头也很花时间。

阶段 4：装饰

⑮ 栽植

在德国栽植时间有很大的限制，如果没有在规定时间内种植的话，树木的枯萎与卖方无关。一般在柏林种植树木的时间是9月最后一周至来年5月的第一周。但11月后便开始下霜，直到来年的4月初，在这段时间里几乎都不能施工。此外，在此庭园项目里

种植草皮
种植草皮的工事原本是在地形修整全部完成后才可进行的。可是委托方要求修整地形的同时种植草皮。原因是当时气候正处于晚秋季节，之后则是寒冷的冬季。为了来年4月开馆现在不能不先种植。但这样一来，整体地形必须一次性调整完成，不能修改，施工人员背水一战。

外围植物种植
在等待10月上旬种植乔木落叶树最佳时间前，先行种植了植物篱笆及外围列排种植的树木。在常绿树少的情况下，选择了侧柏。侧柏的苗木西洋气很重，必须经过修剪少许改变造型。

乔木种植
进行庭园主要景观中心内的重点植物种植。观察整体庭园，大场景地去判断植物种植位置。与石组一样，位置的确定需要在茶室内眺望确认。在树木种植前，用木棒表示树木位置，高低近远，多方位确认调整。

树木储备
树木储备处离种植场所有一段距离。利用起重机运送方（日本施工人员）把树木搬运至种植地点。设计者在现场整体调整下，运送方需与之气息相投，运送符合设计者希望高度、姿态的树木。

说使用的落叶乔木为当地名贵树种，从相关人员那里得知为保证这些树木存活，需10月中旬以后种植。所以实际允许的种植时间非常短。在种植施工方面，德国与日本的做法也大相径庭。树木笔直的种入泥土，灌木、植被是群植，这些是德国方种植的基本概念。但植物正反面的姿态考虑似乎他们没有。最初因考虑到施工预算问题，植物的种植全部由当地施工团队

种植坑的挖掘

先利用石灰标出坑的位置及大小。基本起重机对准位置一次微调整后，便开始挖掘。观察周围景观关系，树木的种植角度等这都需要调整确认。

在挖坑时，根据设计图纸上的位置挖掘，树木种植后多少会出现与预期设想景观不一致等问题。在这种情况下，先大致确认好位置，进行挖坑。然后利用起重机与支架把坑（此后种植主要景观树）周围需要种植的植物事先竖起，以此作为参照物。然后现场确认调坑的位置，最后种下树木。在种植过程中现场调整尤为重要

利用起重机种植

在实际操作上依靠起重机把所有乔木种植到预先设定好的地点是不能完全保证的。因为根据起重机可停靠地点，架臂长度，树木大小等不能完成原先设定地点种植的事时有发生。在这种情况下，根据设计者现场的指导，在可种植范围内调整，并且需考虑整体庭园配置协调。

中低木

在乔木大体种植完成后，配合整体景观，进行中低木的种植。注意种植需把握景观深度（距离感）。

搬运

在机械不能到达或使用的地方，人力的搬运更有效且精准。

制作，日本方作为现场指导。但仅一棵灌木的种植就发生了较大的分歧，最终主要的景观树由日本方种植。

景观树未必是在景观布置的中心位置。这庭园从茶室内观看，景观树在左边并形成一处景观。而右边是整体景观的重点瀑布石组景观。瀑布石组作为主要景观必须与景观树建立主次关系。在栽种时，先栽种左边的景观树，然后再栽种瀑布石组周围的植物。这样，瀑布周围种植的植物就可以把景观树作为参照对象，从而把握好景观平衡。

在树木寻找前，事先得决定主要景观树的种类及了解其特性。什么树种，种在那里，如何使用等，这些都得事先花工夫去琢磨。

⑯ 照明

主要树木的位置确定后，实施照明工作。此庭园冬季闭园，其他季节则是日落闭园，所以园内没设置景观照明。

灌木
在中低木种植位置确认后，开始进行灌木的种植。

植被
草坪以外的植被种植在日本施工团队的指导下进行。

支柱
给需要支撑的树木加上支柱。支柱样式是日本庭园特有的样式，在日本施工人员的指导下与当地施工人员一起完成了支柱制作。

阶段 5：竣工前（2002 年 11 月）

预计竣工时间2003年4月

主门入口
视觉诱导性的入口位置，使人们能自然地走进庭园。门前的乔木，营造出距离感的同时又与周围环境融合。

从门中观看的景色
入口处植物与石头正面对外，布局较为严谨，进入庭园后与自然轻松的氛围产生对比。

瀑布上游

枯山水瀑布

整体石组、种植完成后修剪植物枝叶，营造自然氛围。

茶室内部

第6章

维护管理

维护管理 chapter 6

1 什么是庭园的维护管理

庭园的维护管理就是“守护”，就和守护孩子一样，意味着要契合每个庭园的个性，发挥其个性来培育下去。所以，没有全部庭园通用的规格化的维护管理方法。此章节是关于庭园维护管理的几个基本事项的说明。

维护管理从造园工程结束的阶段就开始了。以植物和石头、水等自然界的事物为中心的日本庭园的维护管理方法，由其性质决定了很难规格化、标准化。因此，在明确设定了其目的之后，开始作业是重要的。这一章中，呈现了在以观赏为目的的日本庭园中如何守护培育在其中所表现的

●日常维护管理

日常的清扫和浇水。另外，要通过日常性地进行检查，努力做到时刻把握庭园内的状态。

●年间维护管理

树木的维护管理要一边辨明生长状态，一边进行符合季节的维护管理。另外，池塘的清扫也要按年循环定期处理。

造型美。在进行维护管理时，要考量那座庭园中的树木和石头、构造物等所发挥的作用，努力维护不让其持有的机能衰减。

庭园的构成要素有很多，但是可以分为因生长而改变形状的植物、不改变形状但会逐渐老朽化的构造物和设施以及经年也会保持其固有形状的石头和石制美术品等。植物在工程结束后，经过一定时间会融入各个庭园形成本来的树形，其后继续生长。因此要以维护美丽树形为目的，根据季节需要进行周期性的维护管理。另一方面，因为构造物或设施在工程结束阶段就能立刻发挥机能，维护管理的目的是修补、更换等机能维护。

维护管理的内容分为日常性短期循环进行维护管理，按年有计划地进行维护管理，再者为在一年以上的长期视野下进行的工作。

●长期维护管理

建筑物和构造物的维护处理要考虑耐久性来进行计划。观察日常状态，通过修补或重做来进行维护。

2 日常维护管理

植栽的树木，要浇三年左右的水。刚刚种植的树木，根钵的泥土于其土地的泥土性质迥异。因此，地面干燥时根钵和周围的泥土之间会拉开缝隙，容易切断刚向周围延伸的细根。但是由于浇水过量也不好，所以地表干燥或观察树的状态看起来水分不足时，才需要浇水。另外，干燥时要对青苔进行灌水。

●落叶的清扫

清除落叶、枯枝和蜘蛛网。由于清扫地面在土上形成的扫帚痕迹会让场地变得清静。用鼓风机（参照289页）收集落叶时，之后在泥土地面再做上扫帚痕迹的话，会形成更加清静的空间。

●砂纹

开园时或贵宾到访时，用耙子（参照293页）在白砂上做上砂纹。

●白砂的各种纹样

砂纹多为波浪、流水等关于水的呈现。

●池塘的落叶

池塘的落叶或树底的垃圾等，使用网兜清除。

●泼水

开园时或者是贵宾到访时，在之前五分钟左右的时候进行泼水。泼过水的石头表情丰富，在庭园发挥的作用会进一步得到明确。

●手水钵

更换手水钵的水，放置柄杓。正式的场合下，要将放置柄杓的地方替换成青竹。

●插花

建筑物内在地板上插花。插花表达的是招待客人时的心情。

●尘穴

茶会的场合下，在尘穴中放入树枝等和青竹做的尘箸。

3　植栽的维护管理

年间维护管理

在多使用作为生物的植物的日本庭园，需要对用于植栽目的的植物进行维护管理。植物为了让用于植栽目的的植物健全地持续生长，需要进行整姿、剪枝、施肥、灌溉和防治病虫害等维护管理。这里关于植栽的维护管理介绍的是日本庭园独有的整姿、剪枝方法。关于施肥、保护和防治病虫害的具体方法和时期，由于土地环境的不同，树木、肥料和杀虫剂的种类各异，要参考各个地域的专业书籍。关于这些希望大家能够摸索出一套适合各个地域环境和植物生长的方法。

●植栽的维护管理风景

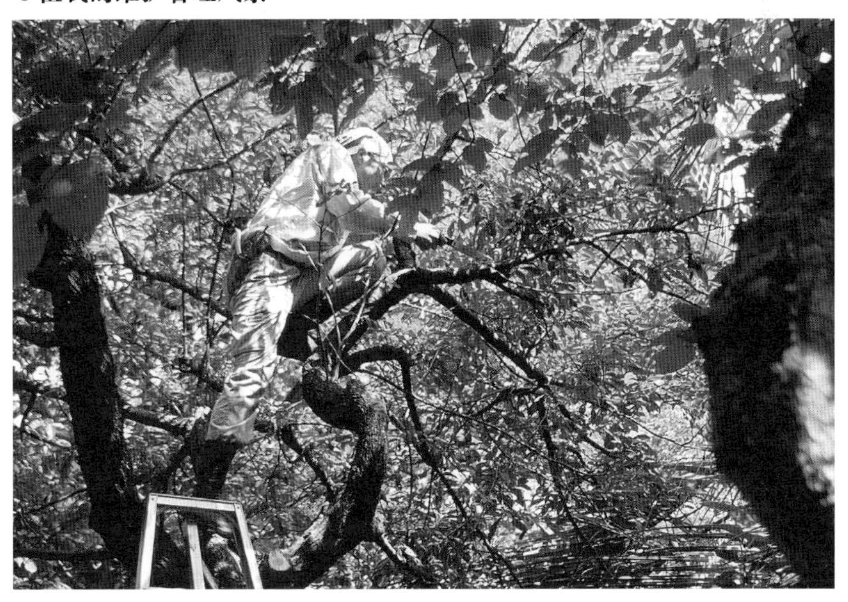

在日本为了让庭园树木保持美丽的状态，一年要进行两次维护管理。首先是新芽生长结束的时候，第二次是秋芽出过之后与土用芽一起进行维护管理。

整枝、剪枝的基本方法

整枝、剪枝的定义

整枝

调节树干和树枝的生长，契合植栽的目的来塑造树形和枝展修整树木全体的形状。

剪枝

修整树形、为了不造成坏枝而剪去重叠的树枝等，使得向阳及通风良好，以达到健全生长、开花结果的目的。交叉混杂的树枝容易发生病虫害，根据周边环境的不同，延伸出围墙的树枝可能会造成遮蔽道路给近邻带来损失的情况。

整枝、剪枝的目的

整枝、剪枝的目的是“促进树木的生长”和“保持理想的树形”，在进行维护管理时通常需要努力达到这两方面的目的。

促进树木的生长

剪枝树木时，要以通过剪除枝叶使树木在健全的状态下生长的心情进行。整枝、剪枝的目的为预防枯枝和病虫害，另外也是作为促进果树或花木开花结果的一个方法，为了使通风、日照良好，要剪除不需要的枝叶。另外，为了矫正错乱的树形和使得老化的树木返老还童，剪除粗枝。移植树木时，意图达到吸收水分量和蒸发水分量的平衡也要减少枝叶的数量。

修整树形

在日本庭园，根据种植树木的场所和所要达成的作用的不同，其维护管理的内容也有变化。总之与西洋的整形式庭园的维护管理方法不同，对于所有的树木不能先入为主地考虑“这棵树就是应该这样来剪枝”。因此，进行维护管理的人员要认真解释庭园中其树木所持有的作用，维护管理要在完全理解意思之后进行，才能维护其庭园的美。

在日本庭园，树木虽然与自然的树木树形相似，但是由于要抑制自然的生长，保持适当的大小，需要根据目的来划分使用维护管理的方法。

为了维护庭园的美，要理解树木的配置和庭园景色的构成，根据目的进行剪枝。例如，考虑观赏庭园的人的位置的话，即便是同种类的数目，对于每个树枝，近在眼前的树木维护管理的密度大，靠里面的树木为了到达与周围自然的融合维护管理的密度则要变小。此外，说到关于邻近建筑物的树木时，在视点的高度要减少枝叶让树干能够被看到。与之相反，在构造物等靠里部分作为背景种植的树木枝叶的密度则要稍微大一点儿。这两者维护管理的目的和方法有若干差异。总之，树木的维护管理是必须在解释完庭园整体成立的基础上进行的。

日本庭园中树木的造型方法

在日本庭园中树木的造型方法有“自然风造型方法”和“人工造型方法”。自然风造型方法是一边顺着树木生长改变形状，再修整树形表现出树种的特征。另一方面，人工造型方法是契合树木的特性，人工插手造成特殊的形状。不管在进行自然风造型方法或是人工造型方法时，都要综合判断树木的特性和庭木的目的等，从而来做决定。不管是哪个方法，都要在尊重树木的特性和本来的样子的情况下进行。

自然风剪枝

日本庭园的树木主要是要做成接近自然的样子。但是，如果完全放任自然的话，就会向四面八方伸展，所以契合庭园的比例，控制好树高和叶展。另外，如果完全放任自然的话，树冠内的树枝混杂交错的部分通风会变得很差，容易产生病虫害。为了预防这一点，要达到通风直至树中间、日光能够透过树梢照射到全部树枝的状态。这些维护管理要注意以接近自然的姿态、以让人察觉不到的样子进行，才是日本庭园的维护管理方法。因为树木如果有十棵的话就有十棵的个性，所以要发挥每棵树木的特征来进行维护管理。

关于用作装饰本位的树木，要注意在不破坏观赏价值的前提下进行维护管理。这种情况下，为了引出“自然树形”的美，要考虑枝干的弯曲、平衡、配置等，进行整枝、剪枝。

●自然风剪枝、人工剪枝

高树通过自然风剪枝发挥树木本来的形态，脚下的灌木采用人工剪枝，与庭园背景连接在一起构成景色。

自然树形

为了引出自然树形的美，必须理解根据树种的不同而造成树形的差异。树木有其固有的树形，这一点因树种而异。大的区分有圆顶形（树冠为圆的树：楠树）、平顶形（树冠为平的树：榉树）、尖顶形（顶端为尖的树：杉树）这三种。即使是同一树种严格说来也没有一棵树与其他树是相同树形的，在树木各个生长阶段会起变化，根据环境条件（光线、土壤、风、雪等）也会产生差异。

树枝的角度也因树种而异，越往顶端部分越细越小、树枝也更密集。树枝的角度越小，伸展越有活力。针叶树，位于中间高度的树枝和上方的树枝比较的话，上方又细又短，感觉稍微向上抬起，下方也稍细且感觉向下垂。

●自然树形的差异

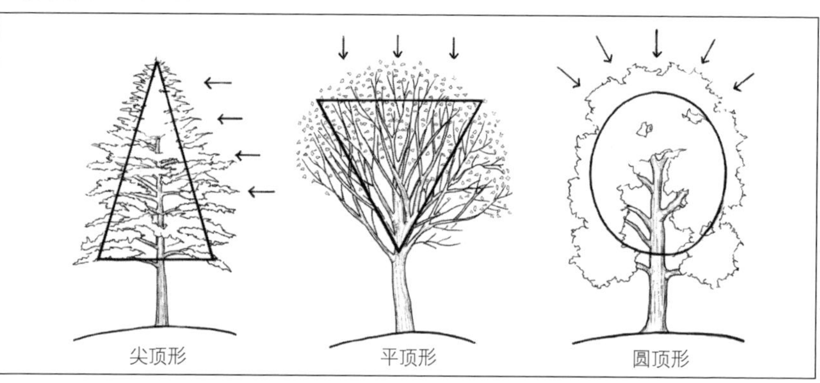

太阳光线因为在赤道直下从树冠的正上方照射，所以南方的树都是圆顶形或平顶形，随着向北方推移，为了方便接收侧面光线而形成了针叶树的尖顶形。

●单干、双干、株立

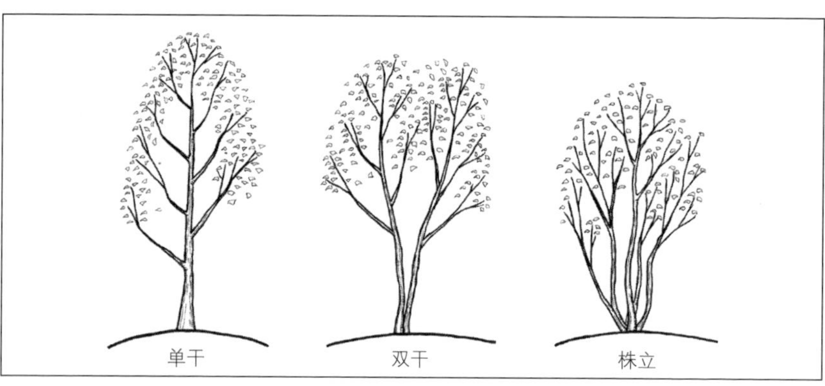

树干的形状可以分为单干（一棵直立）、双干（两棵直立）、株立（武者直立）。

●自然风造型方法

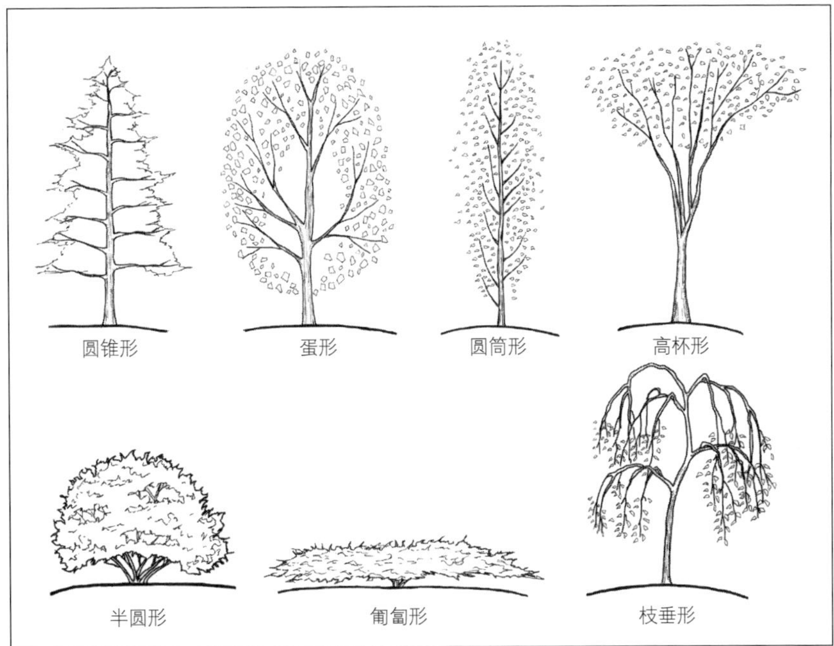

自然风造型方法是发挥本来树形的方法。大致可以分为圆锥形、蛋形、圆筒形、高杯形、半圆形、匍匐形、枝垂形等。

●直干、曲干、斜干

根据树干形状的差异，可以分为直干、曲干、斜干。要发挥这种差异，在让人看起来更美的前提下进行剪枝。

●由于土地倾斜造成树形的差异

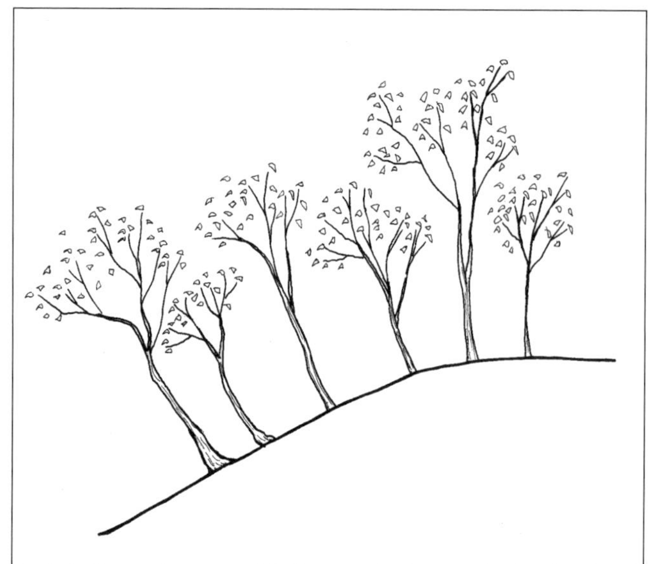

树木由于土地倾斜形成特有的树形，断崖上生长的树木和在平地上生长的树木树形有很大的差异。

人工剪枝（造型）

另外，玉造、玉散、树墙等，为了强调人工性的树形美，要剪除不需要的枝叶。目的用于遮蔽、防风、隔音等的植栽，要剪枝至符合实用目的的形状、高度和宽度。要留意这些剪枝会促进萌芽、造成枝叶密集。

因为树木生长的话枝叶会整体向上延伸，为了修整树形要去除下枝。但是，用于树墙或隐藏的树木，视点下方枝叶不甚繁茂的话便不起作用。总之用于树墙或隐藏的庭木，树高变得过高的话便不起作用。因此，要保持一定的树高，保留下枝，在维护枝叶繁密的前提下进行剪枝割除。

●人工造型方法

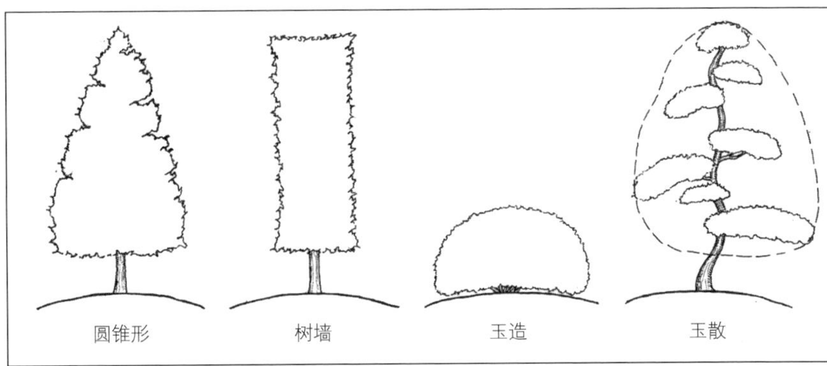

人工造型方法有圆锥形、树墙、玉造、玉散等。

树种，维护管理方法、密度

庭园的景色根据树种，维护管理的方法、密度的差异有很大的不同。以红叶为例的话，接触眼前飞泉（参照173页）的红叶和作为背景的红叶的存在方式不同。眼前的红叶垂在瀑布前的树枝姿态很重要，背后的红叶则重在作为修景的要素。如果考虑到树种方面，因为想要让庭园深处看起来尽可能远，树木叶子颜色深的会让人感到深邃。另一方面，眼前的树木最好能让风通过给人留下枝叶轻盈的印象。

●树木维护管理的密度

根据树木的配置和视点的位置，维护管理的密度有所不同。维护管理的密度用颜色浓淡来表示的话，在如图景色的情况下从眼前向深处推移维护管理的密度变稀。但是，回游式庭园的情况由于视点的位置有很多，要考虑从各个位置看出去的景色来进行维护管理。

●作为主树的松树

主树维护管理的密度高，要慎重进行。

●作为寄植的松树

寄植并不是让人欣赏每棵单独的树木，要重视数棵在若即若离的关系下自然整体的样子。

整枝、剪枝的判断

树木虽然根据树种，树形和树枝的伸展方式有所差异，树枝的剪除方法和要剪除树枝的判断方法是必需的基础知识，要通过练习熟练基本技术，再结合树种和目的，才能够进行完美的剪枝。在这里要进行说明在什么情况下进行整枝剪枝才是必需的。

不需要、多余的部分（忌枝）

不管是什么树木，都有共通的必须要剪除的树枝，这称之为“忌枝”。这会妨碍树木的生长，因为不剪除这些、只是剪枝树木表面树枝、仅仅修整树冠外侧的话，会妨碍健全生长，所以要剪除以下列举的树枝。

●蘖枝

①蘖枝　指的是从树根或地中活跃伸出来的树枝，因为会减弱主干的活力，要去除。也可以用于繁殖（分株）。从干吹、老枝出来的树枝，蘖枝统称为“野子”。

⑤平行枝　在几乎同样的地方，上下左右并排平行伸出的两根树枝。因为会造成树姿单调，要观察整体平衡剪除其中一根树枝。

⑥逆枝　因为一般来说植物的枝叶总是向着光亮的地方伸展，树枝以主干为中心呈放射状。与此相对，朝向中心主干的树枝或向下伸展的树枝（枝垂性质的除外）因为会打乱树形而需要剪除。

②徒长枝　与其他树枝相比更活跃、过分伸展的树枝。因为打乱树形需要剪除。

⑦交叉枝　和主枝或树干交叉的树枝。因为会变得拘束，所以要从树枝的根部剪除。

③立枝　虽然是徒长枝的一种，从树枝垂直向上伸展的树枝。因为打乱树形需要剪除。特别是在靠近主干的内侧长出的立枝比起影响景色更会妨碍通风和采光。

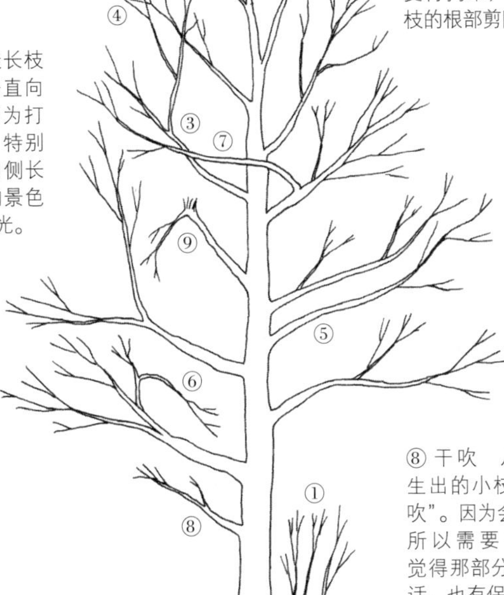

⑧干吹　从树干直接生出的小枝。也叫“胴吹”。因为会打乱树形，所以需要立刻剪除。觉得那部分需要树枝的话，也有保留的情况。

④络枝　与其他树枝接触、缠绕的树枝。因为树枝摩擦会造成损伤，需要剪除。

⑨枯枝、断枝　因为不需要，需要剪除。在剪除树枝时感到困惑的话，先要从剪除枯枝或断枝开始。

被病虫害侵袭的树枝

发生病虫害的树枝，要在损害波及其他树枝之前立即剪除。

树枝发芽过多、过于混杂的树枝

树木生长枝叶繁盛，内侧的光照和通风会变得不佳。因为作为其结果容易发生病虫害，要剪除树枝混杂的部分，让树冠内变得清爽。剪除树枝时，要预想第二年以后树枝的样子，是不是要从树枝根部剪除，在适当的部分进行剪切。

老化的树枝

老化的树枝任其伸展的话，会妨碍到新枝的发芽及生长，也会影响开花。因此，要从树枝根部剪除老枝，让新发芽的活跃树枝得到伸展，从而新旧交替，让树木返老还童。

移植的时候

在树木移植的时候也需要剪除枝叶。挖出树木的时候切断根部造成损伤。如果继续保留迄今同样分量的枝叶的话，根部无法吸收到足以供给的水分和养分，树木就会枯萎。因此要依据根部的大小来剪枝枝叶。

为了开花、结果的剪枝

为了欣赏花朵而种植的树木，不能只关注树形应该将开花作为首要考虑的因素，从而来选择剪枝的日期和方法。

修整树姿

为了修整树姿，要注意发挥树木所持有的风情来进行剪枝。

●蘖枝

●徒长枝

●立枝

●平行枝

●逆枝

●交叉枝

●干吹

●断枝

整枝、剪枝的方法

因为剪枝方法有各式各样，要根据目的来选择方法。这里介绍了日本庭园中树木的整枝、剪枝的基本方法。

树冠的大幅修整

除枝。将大枝从根部剪落的作业称之为“除枝（大枝剪枝）”，在移植树木或将过于混杂的大枝理疏时进行。因为是对于树木的大手术，要在切口快速愈合的时候进行。在日本常绿树为5~6月，落叶树在冬季的休眠期进行。

剪枝时，如果害怕剪大的而一味地剪除树枝末梢的话，往往会不一致反过来容易造成树形紊乱。因为不需要的树枝要从根部整体剪除来修整树形，所以剪枝时要将“除枝”进入视野进行。自然风剪枝的时候，比起树枝从中间剪除，采用从树枝根部剪除的方法剪除后的树形看上去更加自然。

●大枝的切除法

切除粗大的横枝时，要分三个阶段进行切除。将粗枝仅从上面一次切除的话，中途容易折断树枝或是剥伤树皮，成为造成树木损伤的原因。

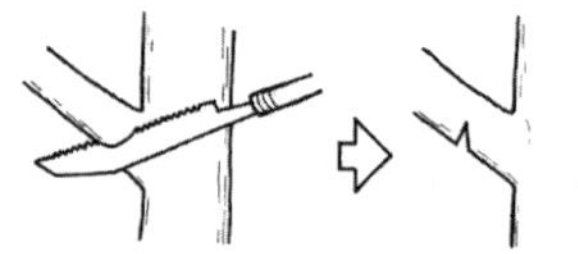

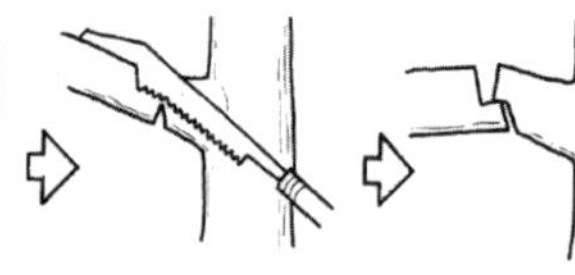

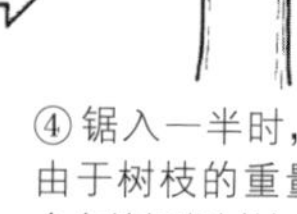

①从树枝根部10厘米的地方从下锯开一个口子。

②锯口的深度约为树枝直径的三分之一。

③从下方锯入的切口再向枝头方向推进5cm，从上方锯入。

④锯入一半时，由于树枝的重量会自然切断树枝。

⑤最后将剩下来的树枝根部保持切口圆滑进行锯除。

※为了防止锯除时发生树枝折断或锯落时掉落，也有在枝梢系上绳子吊在上方树枝来进行锯断的情况。

不要留下树枝根部，从树干接合处切除。这样一来，切口处的形成层和树皮就会很快被覆。因为切口大的话会有腐朽枯萎的可能，切口处要用刀具等削切至圆滑，采用杀菌保护剂等来进行保护切口。

●中枝的切除法

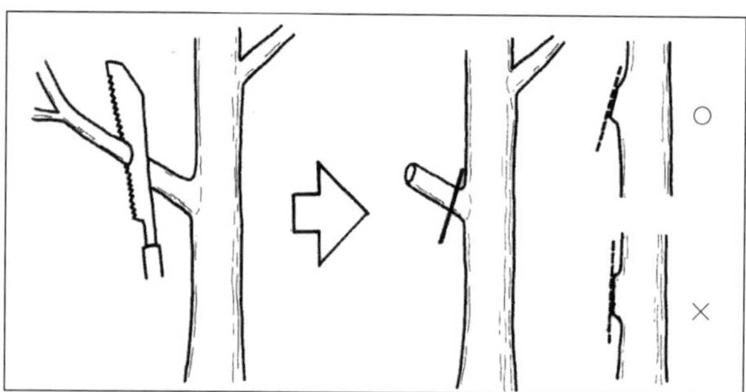

切除中枝（直径2cm左右）时，切口要成斜面。树枝从根部切落时，根部要切到底，为了防止雨水侵袭，切口要削成斜面形成除水坡度。

●高处位置大枝的切除法

由于切除枝梢部分，树枝整体会变轻，向上提升。梯子架在切除的树枝上时，因为树枝上升会造成梯子脱落的危险，所以要使用足够长的梯子。为了回避危险，最好是将梯子架在切除树枝以外的树枝或树干上。为了规避切除树枝掉落时的危险，要用绳索从下方拉住操作。

●樱花中枝的剪枝

用锯子锯除树枝。

一定程度粗的树枝，要在切口处涂上杀菌保护剂防止树木腐烂。

杀菌保护剂

促使树木生长的剪枝

预测树木今后的生长，进行剪枝促进树木生长，从而来逐渐修整为理想的树形。“切戾”是切除枝梢的方法，“枝透”是从树枝根部开始将分枝剪疏的方法，“切替”是在树枝的分叉点上将一方切除的方法。

●剪枝后树枝的延伸法

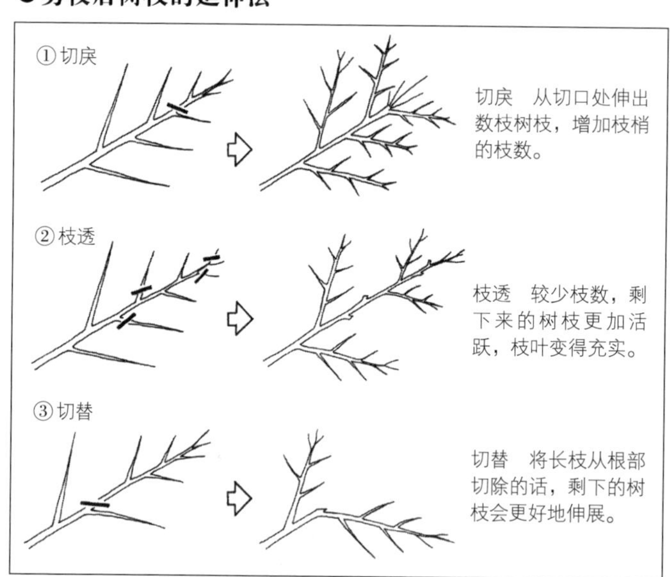

① 切戾
切戾　从切口处伸出数枝树枝，增加枝梢的枝数。
② 枝透
枝透　较少枝数，剩下来的树枝更加活跃，枝叶变得充实。
③ 切替
切替　将长枝从根部切除的话，剩下的树枝会更好地伸展。

●芽的种类

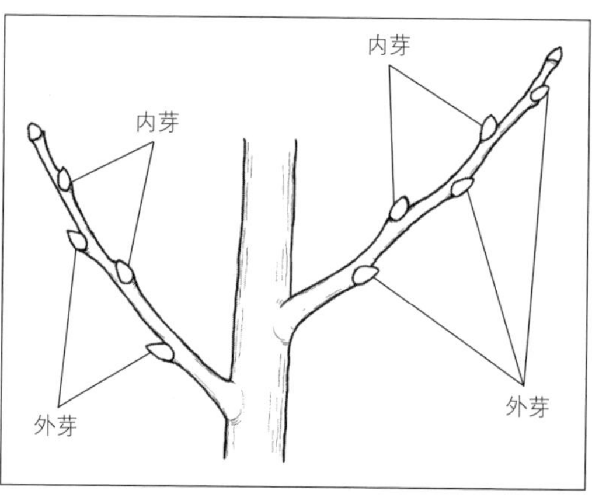

根据发芽地方的不同，可以分为几类。从树干看在外侧的芽为“外芽”，在内侧的芽称为“内芽”。切除树枝时要注意芽的位置，要预想剪枝后芽的成长。

①切戻剪枝

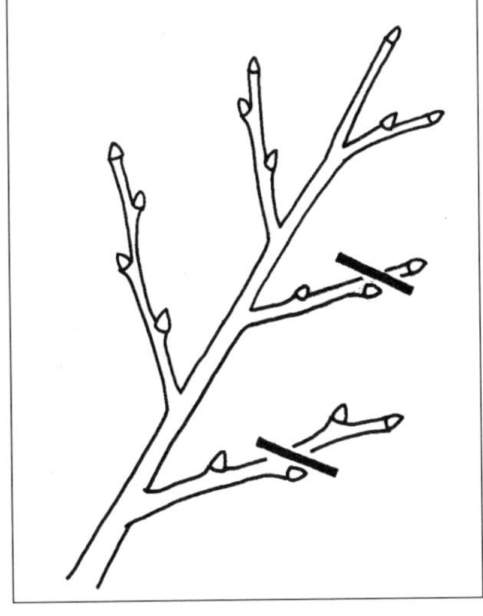

所谓切戻，是为了维护一定大小的树形，将过分延伸的树枝中途剪断缩小从而达到整形的作业。另外，为了传输养分到剩下来的树枝，要去除一部分老化的树枝，这样才能使新枝发芽。为了生成花芽，要根据需要进行。进行切戻后，因为会从切口处周围生出数枝长势良好的新枝，会增加枝数。想要减少枝数的情况和想要缩小树形规模的情况并不适用。这种情况下要进行“切替”剪枝。

●切戻时芽的位置

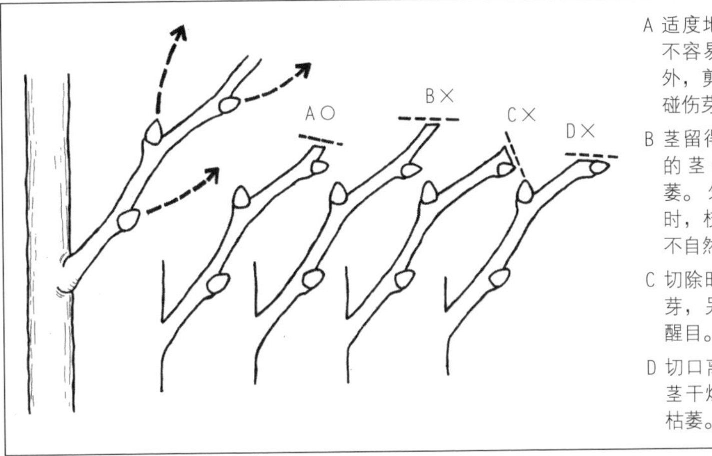

A○
B×
C×
D×
A 适度地留芽，芽不容易枯萎，另外，剪枝时不能碰伤芽。
B 茎留得长，上面的茎会逐渐枯萎。外芽伸展时，枝展会变得不自然。
C 切除时容易伤到芽，另外，切口醒目。
D 切口离芽过近，茎干燥时芽容易枯萎。

剪切时一定要留“外芽”，从其紧挨的上方切除。如果留“内芽”的话，从芽伸展出来的新枝就会成为立枝或逆枝，打乱树形。因为树液从芽不会到达再往前的部分，在芽上方残留树枝的话，会发生枯萎。作为原则，在芽往上 3mm 左右的地方，与芽伸展的方向平行斜切。为了让切口不那么醒目，要避免将树枝切成直角。

●切戾的强弱

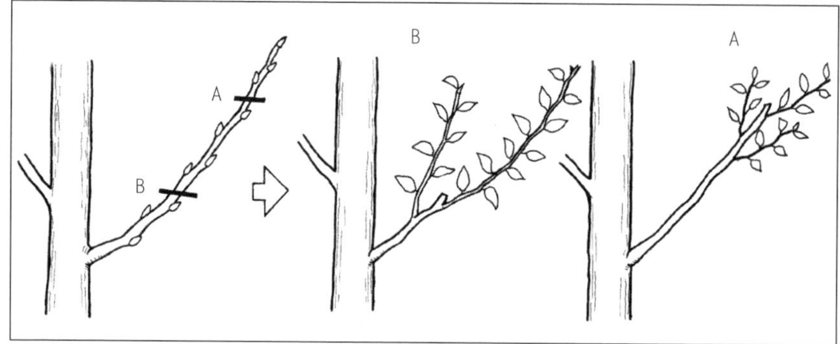

根据切戾位置的不同，新延伸出来的树枝的活跃程度各异。在 A 位置进行切戾的话，发出的树枝细弱。像 B 一样在树枝短处进行切戾的话，会发出强壮的新枝。要摸透树木的生长循环（参照 222 页），根据时期加减剪枝的强弱。但是，强剪枝时，要考虑如下几点：

强剪枝的话，为了恢复树形一定会有反发的非常活跃的树枝长出。因此，像柳树、枫树等这样需要让人感受到柔软的树形，尽可能要避免。

阔叶树如果没误了时间的话，即使是剪枝到一片叶子也不剩，也能生出不定芽恢复到本来的样子，但是因为针叶树非常难生出不定芽，在剪枝时一定必须在每个树枝上留下叶子。

生长到一定程度的树木或多或少的剪枝不会受到影响，但是正在生长的年轻树木如果进行强剪枝的话，会给树木造成负担从而有枯萎的危险。

●根据新旧树枝的分类

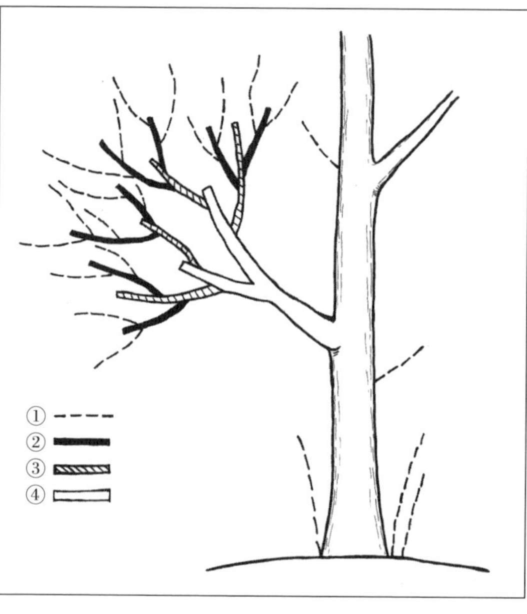

根据树枝生长的年数来进行分类。树木每年，都会在接近枝头的地方长出新枝，先前延伸。切断老枝的话横断面会变大，成为损伤树木的原因。因此原则上不剪断老枝，剪枝在新或细的树枝之间进行。

①当年生枝… 从当年春天开始生出的树枝。

②前年生枝… 比当年生枝接近根部的部分。

③二年生枝… 比前年生枝接近根部的部分。

④老枝… 经历 3 年以上的老枝。从这里发芽的当年生枝叫做不定芽。

●老枝的切戾

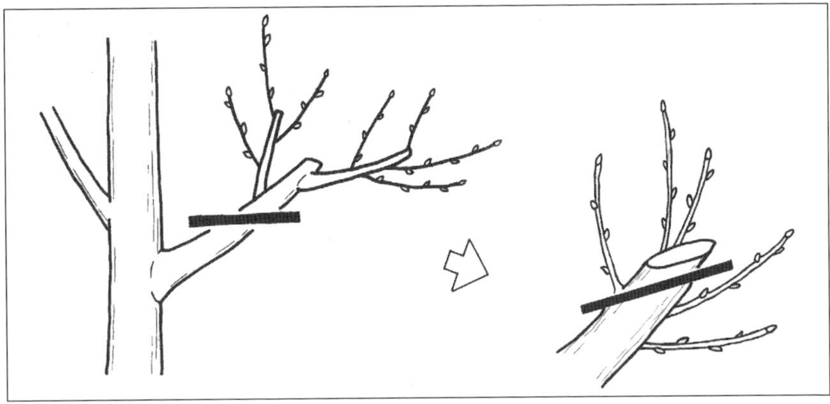

对大枝（老枝）进行切戾的时候，为了让切口不显眼而要斜着切，顶端削细。因为剪枝后会长出很多小枝，留下方向和长势良好的2到3根树枝，除此以外的小枝和大枝一起再次剪掉。（右图）

②枝透剪枝

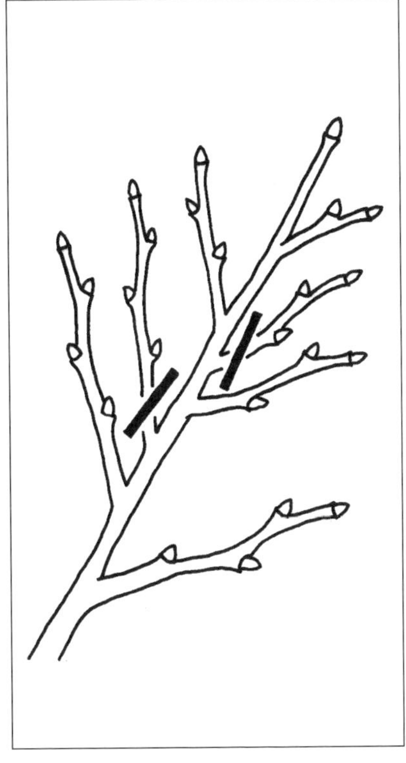

枝透（剪疏）就是在树枝长出同样状态的好几根时，从树枝根部剪切减少枝数从而让树木内部变得清爽、光照变得均匀。另外，徒长枝、立枝、逆枝、交叉枝等打乱树形的不需要的树枝也要从树枝根部切断。抑制养分的分散，让剩下来的树枝得到足以支撑良好长势的养分，变得更加容易开花结果。根据所切树枝的粗细分别使用锯子、剪枝剪子。为了让切断后的切口处不再发出树枝，不要留芽，要将树枝从根部切断。

为了让树木的生长迟缓时，要将长势良好的树枝从根部清除，多留下枝梢下垂的树枝。这种情况下，因为光留下下垂的树枝，树木会逐渐变弱，所以要适当地留下向上方伸展的树枝。另外，使用棕榈绳上下牵引也能够达到调整生长的目的。

●出枝方式的差异

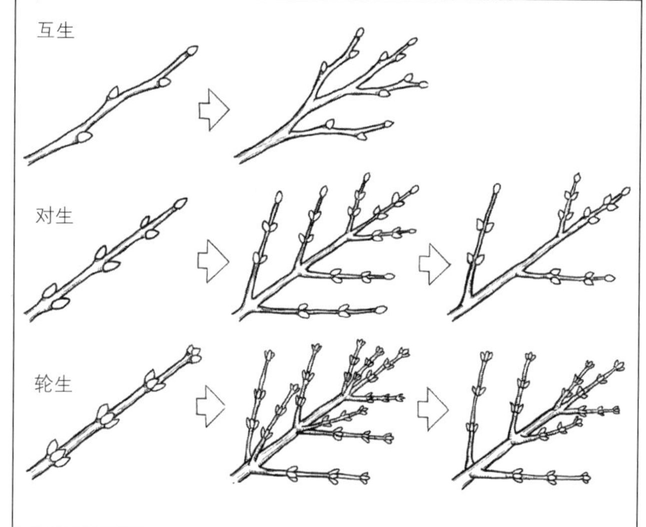

因为出枝方式因树种而异，进行枝透时要观察出枝方式，切除多余部分。

互生　一处只生出一根树枝且方向交互。

对生　一处成对生出两根树枝。不要放任生长，要剪疏至互生那样。

轮生　从一处向四方延伸。不要放任生长，要改变方向进行剪疏以达到方向互不交错。

●枝透的程度

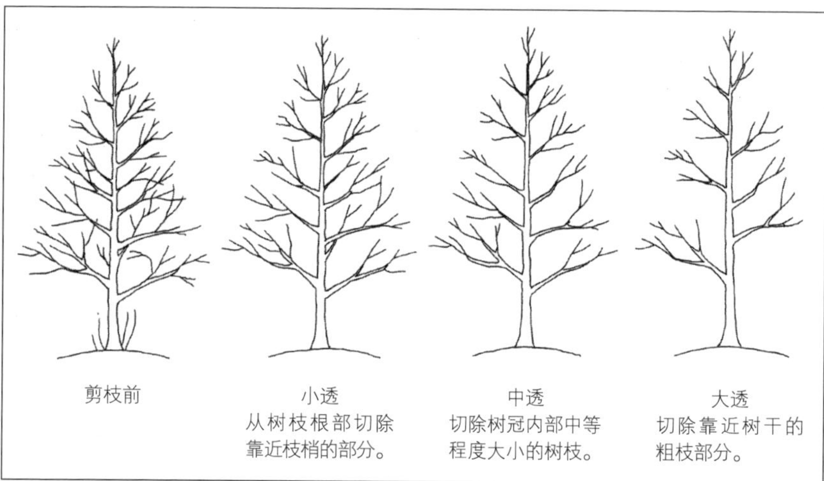

剪枝前

小透
从树枝根部切除靠近枝梢的部分。

中透
切除树冠内部中等程度大小的树枝。

大透
切除靠近树干的粗枝部分。

将树冠从内部进行修整的话，采用大透比较好。枝透目的是整理树枝的粗细、角度。树木整体的养分运输会变得自然，不容易长出徒长枝。

●落叶树、常绿树的枝透

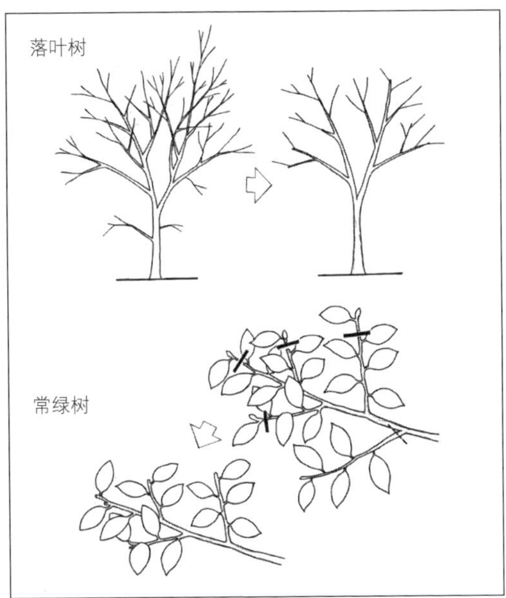

落叶树要切除枯枝、弱枝以及过于混杂的树枝，将伸展过度的树枝也要进行切戾。常绿树要剪疏多余的树枝，将树枝顶端剪至留下4~5片叶子。

③切替剪枝

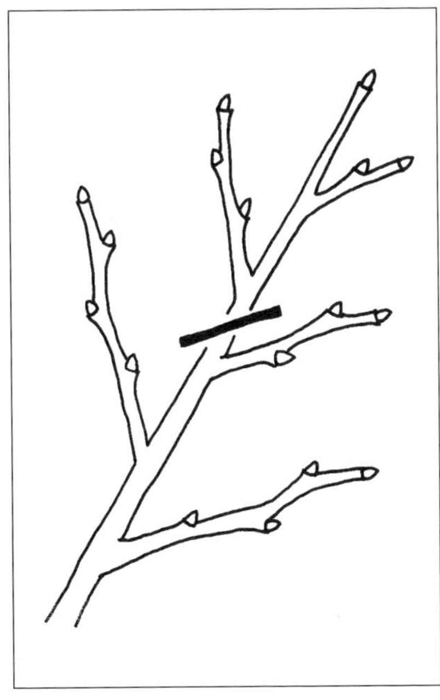

切替，切掉分枝部分的长枝，留下短枝，改变树枝的延伸方向。是为了维护树形而进行的方法，要一边注意芽的伸展方向，一边在过于伸展的树枝中段或是树枝分叉的地方剪切。切除时要注意切口处不能让人一眼就看到。适用于树形小的情况。

●老枝的切替

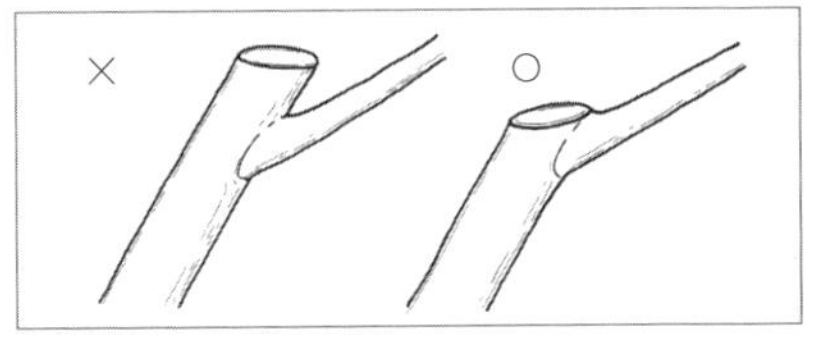

分枝部分要不留树枝，根部斜着切落。残留树枝的话，不仅剪切痕迹不自然，切口处也容易生出很多小枝。

芽、蕾、花、果实、叶子的剪枝

摘芯

将刚生长出来的新梢趁着柔软时用手指进行摘除，目的是抑制树枝伸长，让剩下树枝变得充实增加枝数。摘的量多的话，或是摘除的部分偏于一方的话，会削弱树势打乱树形。松树的“绿摘”，在日本是5~6月份生长显著的时期，要观察新芽的顶端在确切的时机进行。

●摘芯

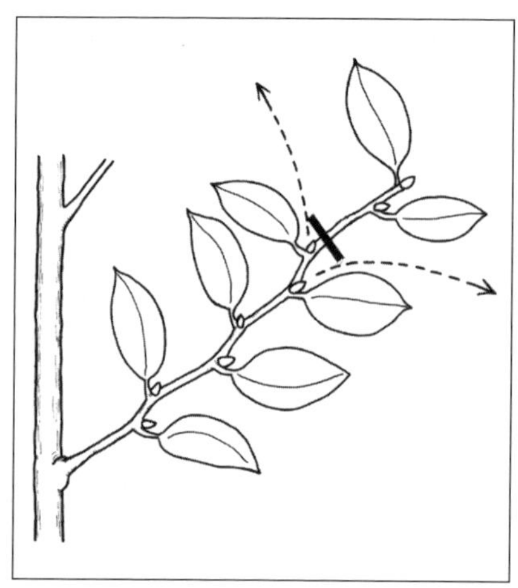

摘芽

新芽生长变成枝叶之前，趁还是芽时，用刀等切除。在打乱树形的位置生出来的芽要在成为树枝之前切除，无关树种。在需要减少将来树枝的分量时也可以进行。花木为了开更大的花也有将不需要的芽去除的情况。牡丹、绣球花等需要进行。

摘花

为了避免由于结果造成削弱树势而进行。移植、盘根时树木会变得衰弱，要摘取花或果实。

摘蕾

一根树枝开了多量的花时会造成树势衰弱，因此要趁还是花蕾的时候摘除限制开花数量，促进树木健全生长。另外，为了开更大的花时，也要减少花蕾的数量。要在远处观察树木整体，注意花不能偏于一边，将花蕾用手指摘除。因为小树花的数量多的话会造成疲劳，多数要进行摘蕾。

●摘蕾

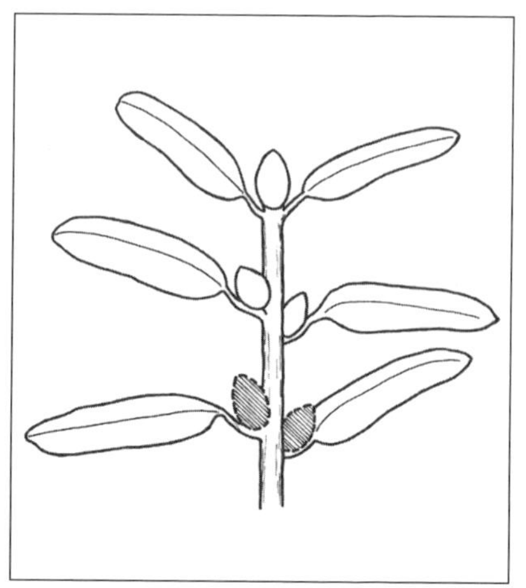

摘果

为保持美观防止削弱树势，要趁果实小的时候摘除。

摘叶

通过摘除过于混杂的叶子以及老叶，在不减少树枝的情况下使得树木内部通风和日照优化，防止枯萎和发生病虫害。枝数少的树种因为剪疏树枝的话会造成树形有间隙，就摘除叶子。用于隐蔽等的庭木在不能减少枝数的情况下也可以进行。摘叶过量的话，会减少由光合作用产生的养分，容易削弱树势，因此要注意。有清除松树老叶、去除常绿树老叶和去除变成黄色后的大型叶等诸多情况。

●摘叶

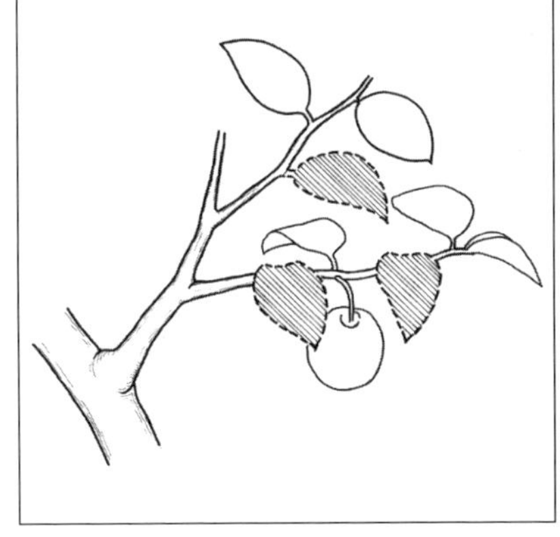

保持一定树形的剪枝

修剪

在想要保持一定树形时进行。与选定每根树枝进行剪切的“剪枝”相对，“修剪”不针对个别的枝叶而修整树冠的形状。要在树木生长到一定程度后进行。时期与剪枝基本相同，比起剪枝还要多几分自由，一点点分批次进行最佳。欣赏树叶的树种的修剪，通常每年进行两次。在新芽停止生长的时候（5~6月份）和夏天枝叶繁茂生长过后（9月左右）进行。一年进行三次修剪的话，能够保持树形美。其他时期，可以适当地对徒长枝进行切戾。欣赏花的树种，花期过后马上进行修剪的话，不会碰落花芽。

想要修剪的树木，从小开始就不能放任生长（从自然树形开始修剪的话，修整形状需要花费4~5年）。徒长枝要在修剪线以内进行剪切。除了修剪还要2~3年在树冠内部进行一次剪枝，改善通风和日照。切掉内部的枯枝和小枝，将混杂交错部分的树枝从根部开始剪疏。要避开盛夏隆冬。

修剪适用于树势强、小枝丛生表面枝叶间隙少的树种。因为切断叶和芽，或是将树枝从没有芽的位置切除会对树造成损伤，所以不适用于容易枯萎的树或是萌芽力较弱的树种。要发挥树本来的树形最好构成简单的形状，树枝柔软或是树枝低垂的树种最好不要进行修剪。适用于发挥隐蔽作用的树墙、一年到头都有叶子的常绿树等枝叶密集、下枝不向上枯萎的树。（修剪方法参照254页）

●修剪一新的优美庭园

剪枝的时期

因为根据每个土地气候和树种，剪枝时期也有所差异，要在符合树种和气候的时期进行。以下所示为在日本的情况，到了南半球就完全相反。

树木一年间的生长循环

树木的生长循环大致可分为如下三个阶段。这种循环每年反复，持续生长。

●树木的生长循环

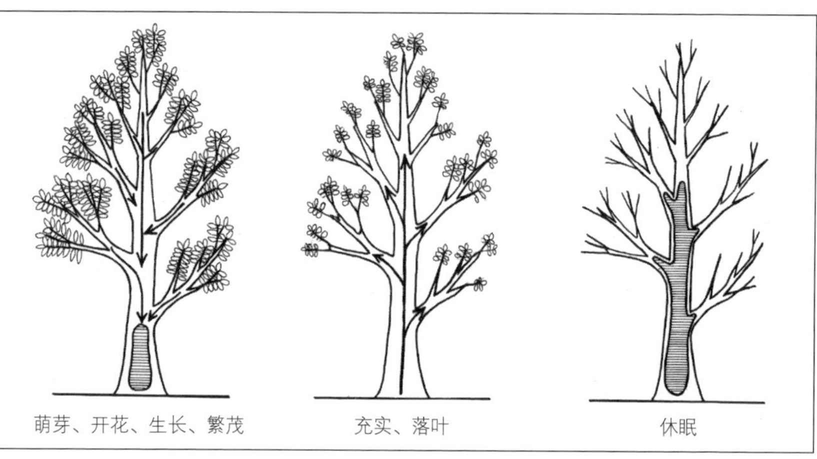

萌芽、开花、生长、繁茂（4~7月）　天气变暖开始发芽，新芽钻出伸展枝叶。这个时期因为枝叶伸展消耗养分，树木体内的养分减少。

充实、落叶（8~10月）　生长停止，枝干变粗。成熟的叶子生产养分，为了来年的生长积蓄。落叶树落叶，常绿树的叶子颜色变深，以休眠状态度过冬天。

休眠（11~3月）　发芽前的休眠状态。是养分积蓄最多的时期。养分主要集中在树干，树枝中几乎没有

按树种分类的剪枝时期

落叶树——从落叶后到长出新芽前进行。冬季里几乎没有树液流动，除了容易因为寒冷枯死的严寒期外，剪切的伤口不容易损伤。冬天因为落叶易于观察枝展，对于发现病虫害、剪枝修整树形都很方便。树根的活动早的在年内进行，耐寒差的要过了严冬再进行。

常绿树——从春季到初夏之间进行。一年中都有叶子的常绿树因为在冬天也在活动，冬天进行大剪枝的话，因为寒冷会给树木造成损伤，伤口难以愈合，有枯萎的风险，因此冬季可以进行整理枯枝枯叶程度的轻剪枝。夏天叶子繁盛遮蔽阳光，进行光合作用蒸发水分对抗酷暑。过于除去树叶的话，不仅妨碍树木生长，还会不敌酷暑造成枯萎。但是，因树种和气候各异。

针叶树——春季进行。在发芽的同时除去老叶。剪枝在新芽开始伸展之前进行。但是，松树的绿摘（摘芽）需要在新芽伸出之后进行。

※以上是大量切除树枝的情况，轻剪枝在什么时候进行都可以。

整姿的方法

捻枝——弯曲新梢改变树枝方向的方法。例如，由于出枝方式不平衡，一部分树枝和树枝之间的空有较大的空间，感到树枝不足时，可以弄弯邻近的新梢，延伸至空缺的部分修整树形。为了不折断树枝要附加竹材等，用棕榈绳等卷好弯曲。

牵引——将树枝用绳子等牵拉，将枝梢引向想要伸展的方向。在树枝中间稍微靠近枝梢的附近、在芽与芽之间系上绳子，绳子的另一端系在树干或其他树枝上以固定住树枝的朝向。枝梢较细的部分用绳子系住时，树枝折断或弯曲会造成树木损伤，因此要格外注意。

●捻枝

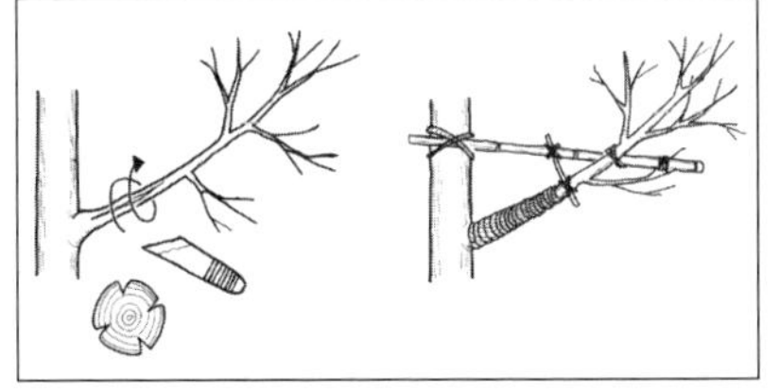

注意不要把树枝折断。

●牵引

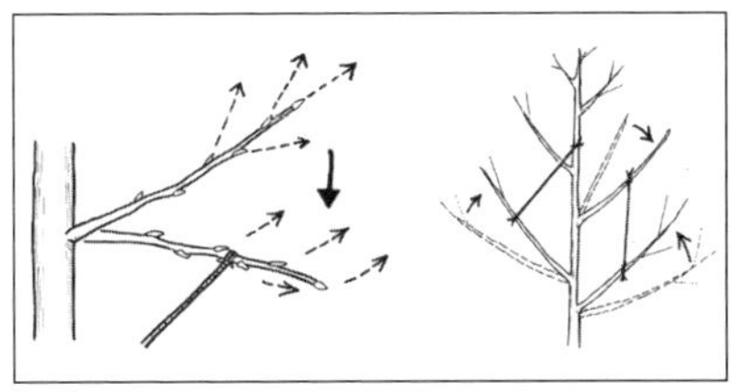

水平树枝向上的话会从枝梢长出新枝，树枝伸展会变佳，向上的树枝弯成水平的话会抑制枝梢的生长，会从树枝根部长出新枝。

分种类的维护管理方法

树木拥有树种以及每棵树特有的表情。日本庭园汲取这些树木所拥有的表情，在庭园中进行颇具效果的配置，从而做出具有趣味的空间。在海外制作日本庭园时，全部采用当地的植物。这种情况下，要挑选适合日本庭园的拥有风情的树，根据情况进行整姿和剪枝，有计划地植栽。

将每年持续生长的树木培养至理想的样子，以后维护那个样子，努力保持树木健全的状态。就像日本历史上形成的特有的剪枝方法，在其他地域也存在特有的方法。弄错树木维护管理方法的话，庭园的氛围会有很大差异的改变。

这里，讲述的是在日本庭园植栽的树木的维护管理方法。但是，介绍的是关于日本树木的维护管理方法，因为日本以外的地区很少有与之同种的树木，在海外也许并不适用于与日本完全相同的方法。因此，在日本树木中选取树形特征明确的几种，讲述整姿、剪枝的方法。在海外的日本庭园进行树木整姿、剪枝时，可以参考这里举出的例子，来进行适合不同地区的树木的整姿和剪枝。

这里讲述的内容，是作为维护日本庭园景色的方法的整姿、剪枝，是关于以何种样子养育树木以及怎样维护那个样子的大致标准。关于剪枝、施肥、病虫害的预防对策等，因气候风土和树种各异，所以希望读者要遵循各地区的专业书籍等选择适用于当地环境的方法。另外，在海外规划日本庭园时，种植什么样的树木才能够做出日本式的风景，也希望读者在寻找材料时用作参考。

●黑松剪枝

进行维护管理前的黑松。枝叶生长繁茂，树木整体呈现苦重的样子。

针叶树

松树

松树是庭木之王。有好几种松树，即便在其中黑松和红松因为枝展及树皮的表情等不同，维护管理的方法也不相同。维护管理时要注意黑松凛然的样子、红松叶子宛如枝垂一样温柔的样子。

松树维护管理最重要的是新芽长出后的“绿摘”（芽摘），老叶的“清除”（叶毟）。养成方法仿效自然界中生长的松树。根据松树在自然界中受到环境影响的风格，做出其样子。例如在山崖生长的松树，自然慢慢形成了为了适应那种环境的样子。

绿摘——前年枝的顶端生出5根左右（根据日照量而有所不同）的新芽称之为“绿”，摘除开始伸展的新芽的作业叫做“绿摘”。将不需要的树枝的新芽摘除，剩下新芽的顶头摘除，生长后的枝节会变短，从而养成具有古木感的树形。

新芽生长还很柔软的时候可以用手指简单折取，伸展变硬时要用剪枝剪刀。数根要从根部去除，减少至2至3根。剩下的2根不能相邻，要选择之后不会交叉混杂的呈V字形伸展的新芽。

老叶的清除——新叶充实的时候将松树的叶子用手拉落，减少叶子数量修整树枝称之为“清除老叶”（叶毟）。枝叶伸展生长过于繁茂的话，不仅不优美，阳光也照不到树冠内容易枯死。另外，也会发生病虫害，老叶一点一点掉落地面让日常清扫变得麻烦。

为了让叶子在树木整体变成同样

结束剪枝、去除老叶后的黑松。树木整体叶子的密度变得均一，修整成别具风格的优美树冠。

的密度，浓密的部分因为枝数多，要在切除那部分的树枝后再进行清除老叶。下方由于照射不到阳光，比起上方来密度要稀，达不到平衡。要从树木生长点出发，进行维护管理使得整体的密度一致。为了确认这方面，要从树下来在远处观察树的样子，再登上树切断树枝，如此反复。

剪枝（春/秋）——每年一次。在绿摘时或者在进行清除老叶前，整理多余的树枝。剪枝的方法与其他树种相同，不想伸展的树枝和混杂交错的树枝，当年生枝要从根部切除，过长的树枝要进行切戾。因为松树喜欢日照，为了不让上下左右的树枝互相重叠交叉造成阴影，除枝是很重要的。

●松树的新芽

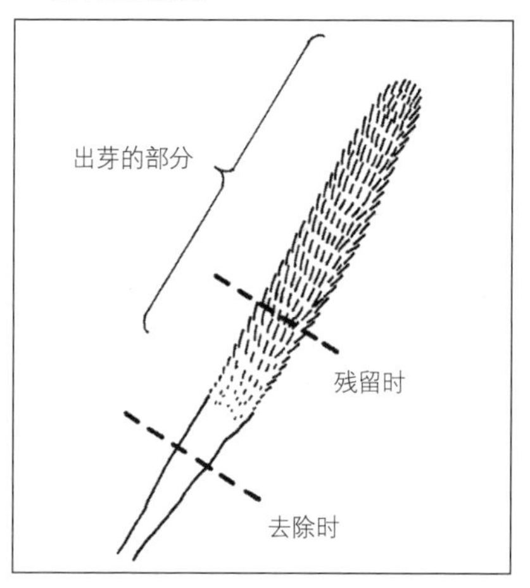

新芽分为长出叶子的有疙瘩的部分和其下方白色的部分。去处新芽时要将白色部分从根部摘除，想要伸展长时，摘除时将有疙瘩的部分留长一点，想要伸展短时，摘除时将有疙瘩的部分留短一点。

●松树的绿摘

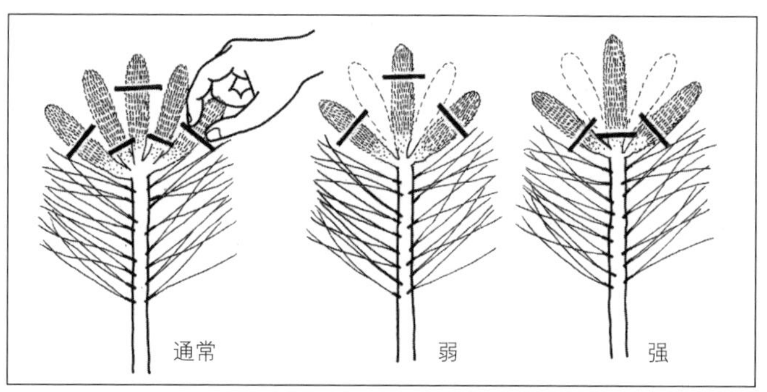

通常——将数根摘除至留下 2 到 3 根，留下来的新芽的顶端，想要枝长时则弱，想要短时则强，按三分之一到三分之二的两种程度进行摘取。
弱——红松等树势弱的品种，另外将想要伸展长的方向的芽留长点儿。
强——黑松等树势强的品种，另外树枝想要密生的情况摘除长点儿。

●松树的绿摘

新芽延伸的状态

照片的新芽虽然到了生长出叶的状态，但还能用手摘除。

绿摘结束，修整后的树枝。

登上脚手架，一个一个认真地摘除松树的新芽。

●松树清除老叶（部分）

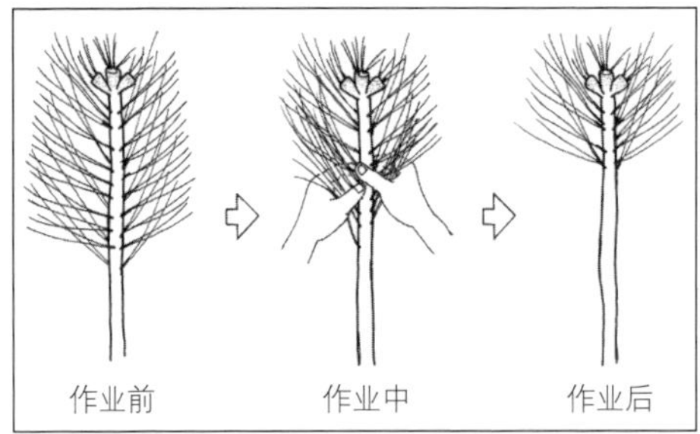

去除叶数的标准是留下枝梢的新叶，清除其下面全部叶子。叶子多的时候也有清除到当年生枝叶子的情况，但是在弱枝也有不这样做的。

●松树清除老叶（整体）

像黑松一样要做成给人以男性爽朗的印象去除向下侧低垂的叶子，但是像红松一样要做成给人以优雅女性印象的情况则不摘除低垂的叶子。

●松树清除老叶

从树枝下方着手,用手夹住树枝,从下向上抹清除前年的叶子。

清除老叶结束,叶数减少的黑松。

●松树的小枝剪枝

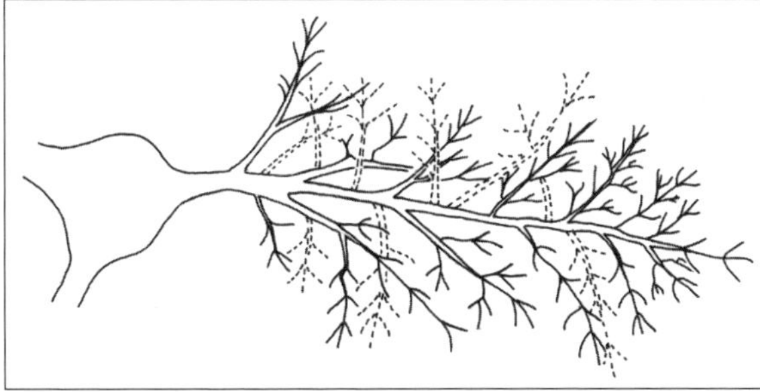

从上方看松树的树枝。切除络枝和立枝，剪疏树枝混杂的部分。

●黑松的剪枝

切戾要从树枝分叉的部分剪切。

从树枝上方伸入剪刀。

切戾、清除老叶结束后的黑松。变成树冠整齐、枝叶通透柔和的样子。

杉树 / 桧树

杉树和桧树，直立圆锥形的树冠呈现出严肃的氛围。枝叶深暗密生，浓绿的色调带来森严的空气。虽然本来是生长巨大的树木，但在局限面积的庭园为了保持与庭园相符合的大小，需要限制高度和叶展。因为放任生长的话小枝会过于混杂在树木怀内形成枯叶变得难看，通风也不佳，所以需要去除。要去处树枝混杂的部分，对徒长枝进行切戻。

●杉树的剪枝

作业前——枝叶生长茂密，有损杉树的静寂氛围。

作业中——对伸出的树枝进行切戻。不在中途而要在分枝的部分剪切。

作业后——树冠齐整的杉树。

●杉树的剪枝（树冠）

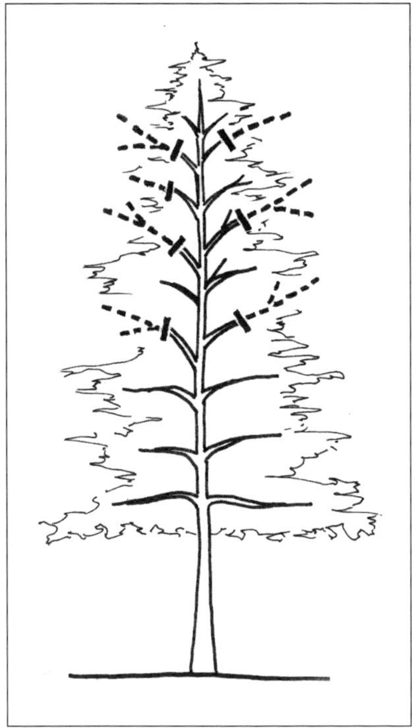

虽然树冠剪枝要达到前后左右均整，但是上下的树枝要做出一定的出入。总之树冠的外形不能囿于平缓的线条给人以人工修齐的感觉，要加上天然树枝的出入，才不会失去杉树的特征。

●杉树幼树的剪枝

幼树要对虚线的树枝进行切戾，如果左右均整进行剪枝的话，就会留不下达到一定间隔的树枝。在老树的情况下，混杂交错的树枝则可以达到一定间隔。

台杉（杉树中的台杉养成）

日本独特的杉树养成方法。最初是为了用于地板柱或屋顶的垂木而人为做成的树形。在庭园中，偏好台杉样子的轻快和潇洒的氛围。

保留杉树的下枝切除树干的话，从那儿会生出数根细树干。不用于制材为了原封不动的使用，这样一来长成的根部和顶端的粗细几乎没有什么变化。剪枝台杉不使用剪刀，而使用镰刀进行剪枝。因为用于装饰垂木，所以不能留下枝节。因为树皮很快会把枝节包裹，所以要趁着树枝细时用镰刀从树枝根部切除。使用剪刀的话则会留下树枝根部。庭园中种植的台杉也进行同样的维护管理。

●台杉的剪枝

作业中——用镰刀切除多余的树枝。

登上梯子，将维护管理进行到上方。

剪枝取木部分（为了让新立枝长出的树枝）。

割除下方的草。

作业后——剪枝结束，修整为轻快的样子。

●台杉的养成

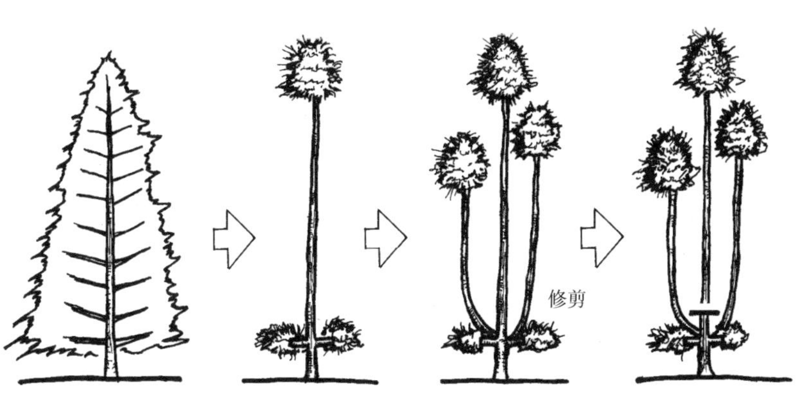

①要养成台杉的杉树，树高为2.5~3m的程度，呈自然树形原样。

②树高到达合适的高度时，保留距离地　面0.6~1.0m程度地方所长出来的“取木”部分，将其上面的枝叶用镰刀去除直至接近树梢。这时，取木部分也要在适当长短的地方剪切。

③其后，从树干和取木的接点会长出数根新干，修整新干保留至3至5根，小心地让其生长。等到新干也长到1m左右的时候，将其枝叶用镰刀去除直至接近树梢。

④在新干充分生长的时候，将最初的树干在取木上方锯除。其后每年用镰刀清除树枝修整树形，保持潇洒的趣味。

槙树

有直干圆筒形、玉造和如松树一样弯曲的造型，另外也适用于树墙。

槙树根据养成方法可以育成与松树同样的样子。因为向阳也好背阴也好都有较强的适应力，所以在通风不佳湿气较多的地方不能种植松树的话，常常以槙树作为代替种植。槙树线形的叶子密生的样子很优美。这种情况下，要与松树同样进行清除老叶和剪枝，避开寒冬。

●槙树的剪枝

作业前——枝叶茂密，给人以遮蔽背后建筑物的印象。

作业后——枝叶通透，在玄关前作为迎客树清爽的样子。

●槙树的小枝透

将过分伸展的树枝进行切戾，将混杂于大枝之间的小枝清除。

●槙树的树姿

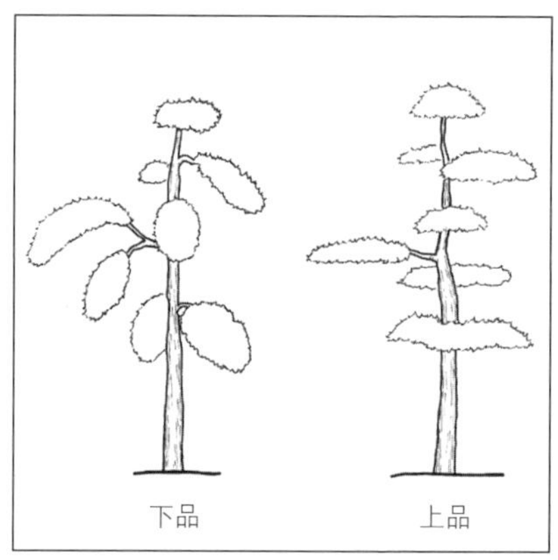

人为修整树冠时，树枝朝上或水平伸出为上品的样子，由于枝梢下垂会被看作下品，所以要将树枝进行牵引。

比翼桧叶（水流桧叶）

特征是枝叶下垂、柔软的树形。维护管理要让下垂的部分看起来更好。要去除中途一半下垂的枝叶，让呈优美下垂状的树枝更明显。因为剪切枝梢的话会形成不自然的树形，要让枝垂枝梢的长度一致，避免剪切。因延伸过长或者枯萎的不需要的树枝，一定要从根部切除。

●比翼桧叶（水流桧叶）的剪枝

作业前——叶子过多堆积，很难看见下垂的样子。

作业中——枝透。

作业后——树冠通透，内部的枝干若隐若现。每片叶子下垂，给人以纤细的印象。

常绿阔叶树

常绿树基本上以如下方法进行剪枝。

大枝的疏距剪枝——将混杂交错的树枝、络枝从树枝根部剪疏，去除从根部长出的蘖枝。这时要注意剪除那些之后树枝上不能为空。

枝透——在清除络枝和徒长枝等忌枝后，进行小枝剪枝。2根变1根，3根变2根，要注意一个地方不要一下子突然剪掉。

小透——叶子保留3至5片，在其上摘芯称为“小透”。是能够在多数阔叶树上进行的剪枝方法。

●大枝剪枝

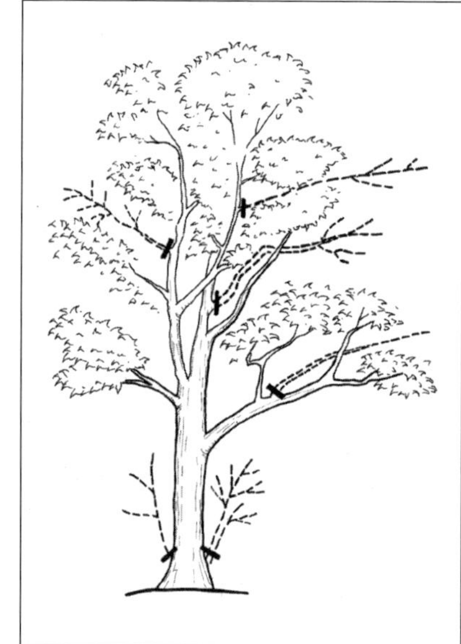

去除不需要的树枝。

●枝透

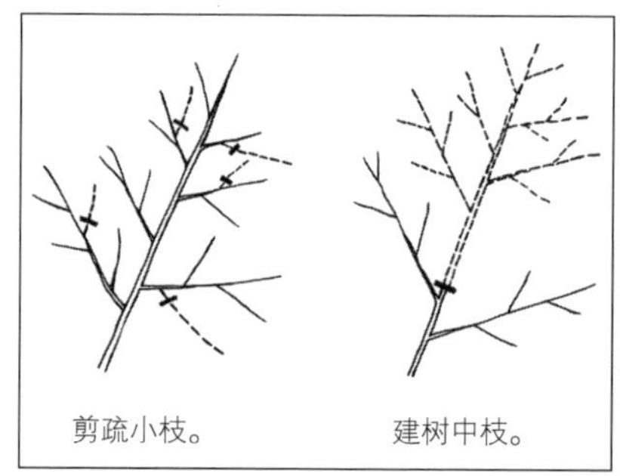

剪疏小枝。　　建树中枝。

●小透

在不造成明显切口的前提下剪短树枝。

椎树

虽然在自然中为圆形树冠，但是根据剪枝常常能让人看见树干和枝展。叶子表面浓绿。叶子反面为茶色，树干为黑色，枝叶茂密的话会给人造成深暗的印象。用于遮蔽、防风、防火等实用目的，单独种植的情况很多。因为靠近树干的地方容易混杂交错，在树冠内外、表里都将树枝密度修剪平均是很重要的。

因为萌芽力旺盛，在新芽发出之前剪枝的话树势也不会削弱。但是，这时进行强剪枝的话，因为徒长枝会得势伸展，需要在其后再进行多次剪枝。

●椎树的剪枝

作业前——枝叶生长繁茂，适用于遮蔽，但是会对周围落下暗影。

作业中——为了让阳光照射进入树冠内，进行清除枝叶。

作业后——照片的情况因为是道路沿线，为了不让周围变暗而进行了强剪枝。

栎树

剪枝遵循一般常绿阔叶树的方法。

●青刚栎的剪枝

作业前——徒长枝延伸、树冠紊乱的青刚栎。

作业中——在分枝部分切除树枝。

作业中——眼前部分是剪枝结束的状态。树的内部除枝变得清爽，树冠修整变得柔和。

●冬青树的剪枝

作业前——在分枝部分切除树枝。

作业中——枝叶通透，给人以轻盈的印象。

●冬青树的小透

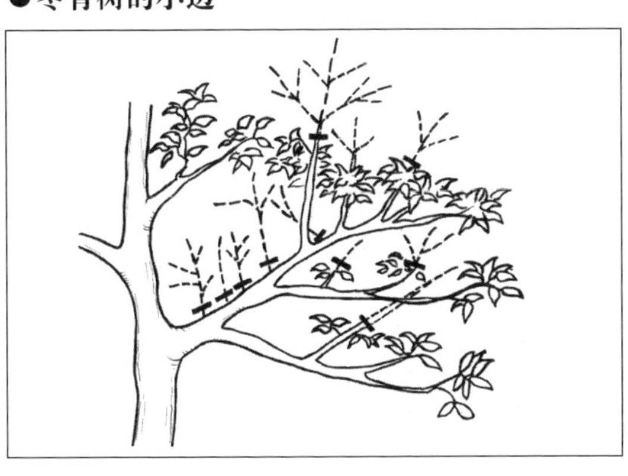

切除与树干平行向上的部分、从大枝长出的胴吹和接触上面树枝的部分等。为了修整树冠，对徒长枝进行切戻。

栀子树

有通过剪疏树枝发挥本来树形的情况，也有少数一定程度上保留修剪树冠的情况。修剪的话，枝数增加花会变得很多。要契合种植场所和氛围来进行剪枝。

●栀子树的剪枝

作业前

作业中——用剪枝剪刀剪疏混杂交错的树枝。

作业后——枝透结束，形成发挥自然伸展树枝样子的树形。

落叶阔叶树

榉树

悠悠扩展树枝的榉树，维护管理要发挥其枝展。因为马上树枝就会混杂交错，要在落叶后进行疏距剪枝。为了让人看到悠闲伸展的树枝，要将硬直形状的树枝和混杂交错的树枝从根部剪疏。中断枝梢或者损伤榉树的树展的话，恢复到本来的样子需要花费十年以上的岁月。

●榉树

●榉树的剪枝

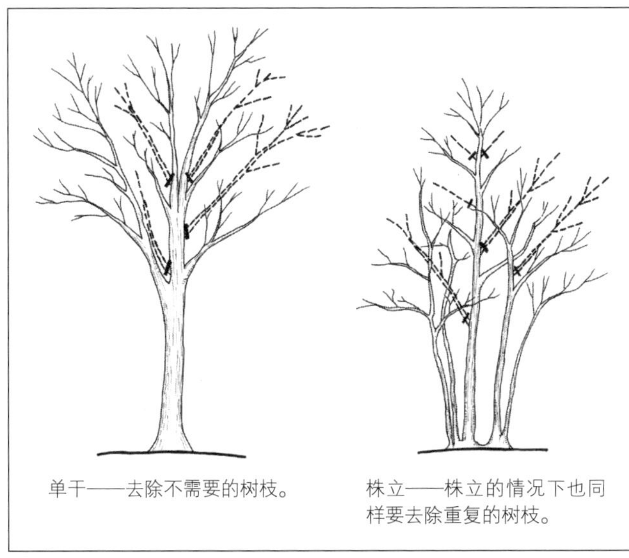

单干——去除不需要的树枝。

株立——株立的情况下也同样要去除重复的树枝。

枫树

自然树形的树干并不直立，斜干较多，树枝具有横向柔和扩张的性质。红叶优美，树姿具有日本风情。大树的粗干也是看点，高度为2～3m的小树作为添木能够做出潇洒的氛围。在日本庭园从作为主树开始，到用作对构筑物的添加、遮蔽飞泉的树以及对于石组的添景等，用途的范围甚广。

因为尤其在幼树时徒长枝容易多数延伸，要趁早从树枝根部切除。剪枝时，要切除混杂交错的树枝、向下垂的树枝等，修整至整体清爽。

●枫树的剪枝

作业前——枝叶混杂交错，给人苦闷沉重的印象。红叶特有的轻盈树形没有被发挥出来。

作业中——在分枝部分将小枝剪疏。枫树多数用手折枝除取。

作业后——整体树冠内的树枝爽快利索地拉开距离，通风状态变得良好。

●枫树的剪枝

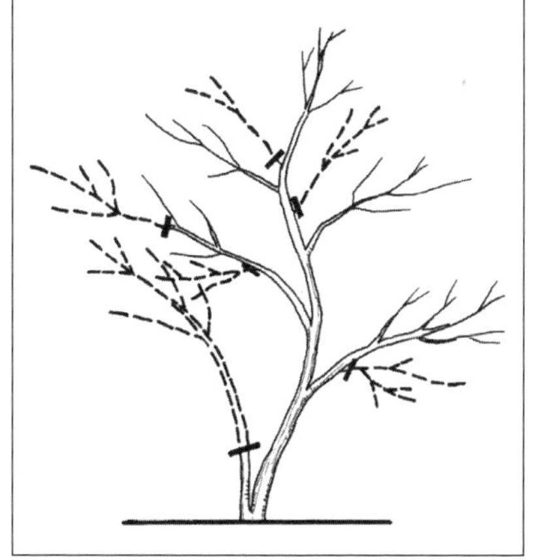

修整树形时，要决定位于中心的树枝，将多余的树枝从根部切除。

●枫树的疏距剪枝

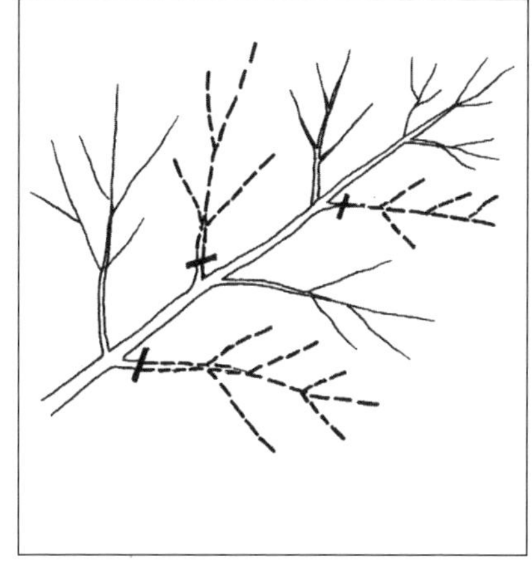

剪疏小枝时，要剪除至互生状态。

梅树

梅树的枝干特征是呈“く”字形弯曲，树皮呈黑色，有险峻的筋骨，具备强有力的风情。要理解连其枯枝都有趣味的特征，因为梅树树的性质坚牢，有时候老树不切除粗大的枯枝而让人欣赏。因为在气候寒冷花少的时候迎来花期，飘动花香，在日本庭园是视为瑰宝的树木。

落叶后的休眠期（冬季）进行大的剪枝——不需要的树枝留下2到3个花芽进行切戾或者是从树枝根部切除来修整树形。

花后（春季）的剪枝——为了让长出花芽的新梢延伸，要将枝梢的三分之一左右进行切戾。

新梢延伸之后（秋季）的疏距剪枝——将不需要的徒长枝或逆枝等打乱树形的树枝和弱小的树枝从树枝根部切落，让树内部变得清爽。为了修整树形进行切戾剪枝。

寄植的整姿——决定一群中作为主格的树，不要与其他的树在大小和叶展方面有很大出入，而要分好序列。注意互相之间的树枝不要交错到一起。另外，要观察整体注意树木倒向的程度是否达到平衡。这一点与石组相同。

●梅树的大枝剪枝

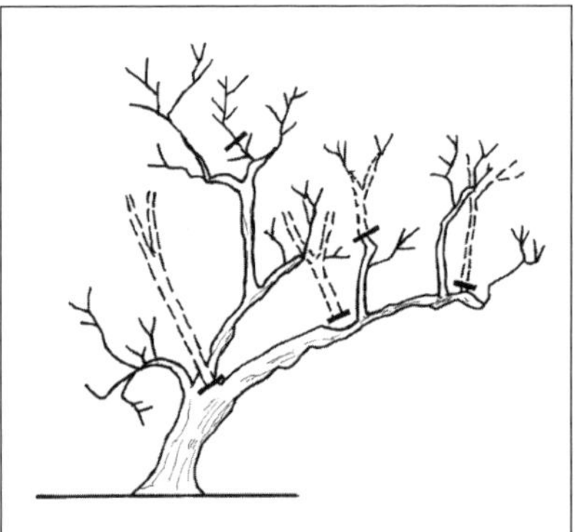

梅树的大枝剪枝。将像虚线所示那样与主干形成竞争的立枝从树枝根部切除。另外，两根平行并列的树枝要切掉一方，但是要判断到底切除哪一方，要留下良好展现梅树特征的那根树枝。

●梅树的徒长枝剪枝

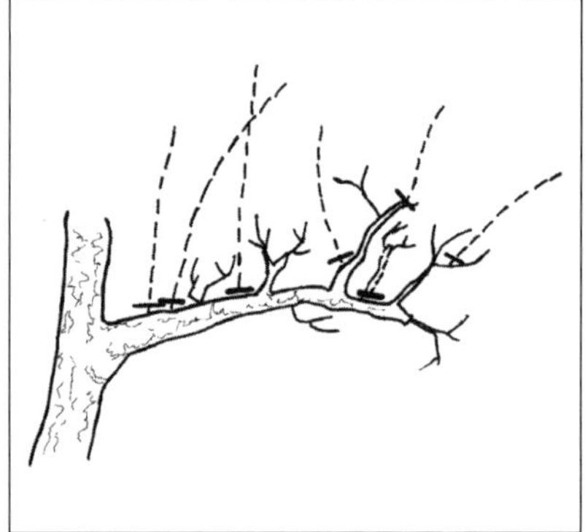

将笔直延伸的徒长枝进行剪枝。因为徒长枝是新枝，为了让梅树呈现古老树木一样富有雅趣的样子，适用保留短枝的方法，此外也容易开花。因为徒长枝会打乱树形，也会让光照和通风变得恶化，容易罹患病虫害，所以要从树枝根部切落。徒长枝从根部切掉，那部分太空时，要保留 5~10cm 进行切除。树枝少需要延伸新梢的部分，可以在不造成交错障碍的地方保留一至两根徒长枝。

●梅树的小枝剪枝

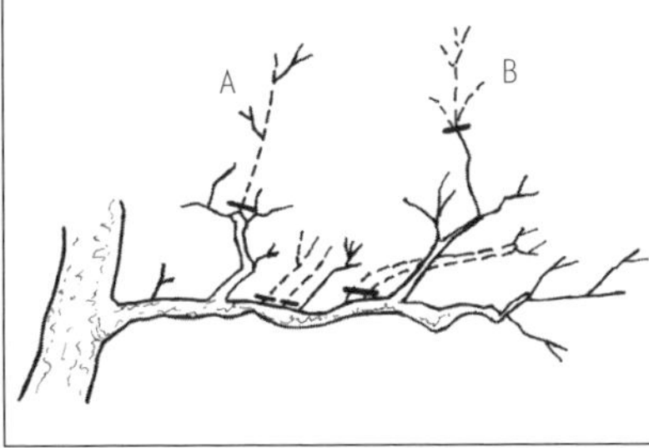

A 和 B 两根树枝，与其他树枝的伸展方向相反，向上直立。因为这会助长梅树独特的险峻趣味，要发挥这一点，剪疏其他树枝。这时，两根立枝的高度并列时，因为要符合互相牵制，要把握好平衡进行切戾，形成简洁紧绷的样子。另外，在培育立枝时，如果与上面树枝接触的话，要将枝梢进行切戾。

●梅树寄植的整姿

不要剪齐树高，另外要进行剪枝不让树枝互相交叉重叠，切除多余的徒长枝。

●梅树的剪枝

作业前——徒长枝伸展，树冠内混杂交错。

作业中——只将徒长枝当年生枝的延伸部分进行切戻。

作业后——去除徒长枝的树枝。

作业后——去除徒长枝，小枝剪枝后通风状态变得良好。

※剪枝的时期——花期过后（生长前）进行的剪枝，因为其后树枝长势良好，适用于树形有很大改变的情况。观察花后延伸的树枝需要修整树形时，在落叶前进行剪枝。

垂枝树

垂枝樱花树和垂枝梅树都很优雅美丽，树形为吊钟形，树枝横向伸出，枝梢下垂，所以在宽敞的用地里常常宽松地单独种植。因为垂枝樱花树几乎不进行剪枝，所以讲述关于垂枝梅树的剪枝。虽然采用与垂杨柳同样的维护管理方法，但由于在炎热的季节有让人感到清凉的作用，对枝叶进行剪枝时需要达到让其看上去清凉的程度。

●垂枝樱花树

特征明显柔和的树形，即使只有一棵也充满着存在感。

●垂枝树的大枝剪枝

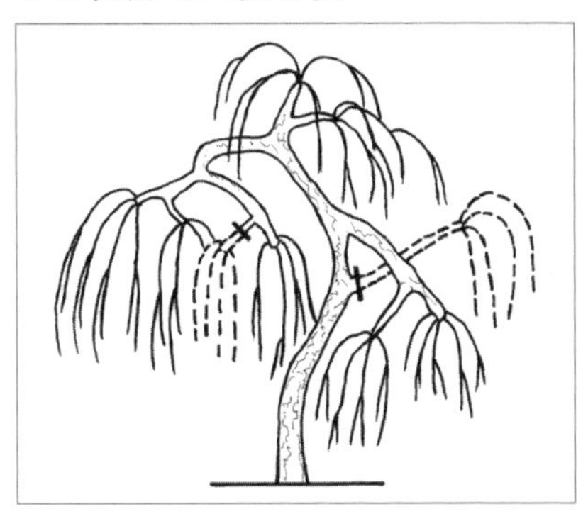

为了修整为整体柔和下垂的树形，要切除破坏其风情突出的树枝和向怀内倾斜生出的树枝。为了不破坏柔和的树形，不能中断树枝，要在分枝的部分进行切取。

●垂枝树的小枝剪枝 ①

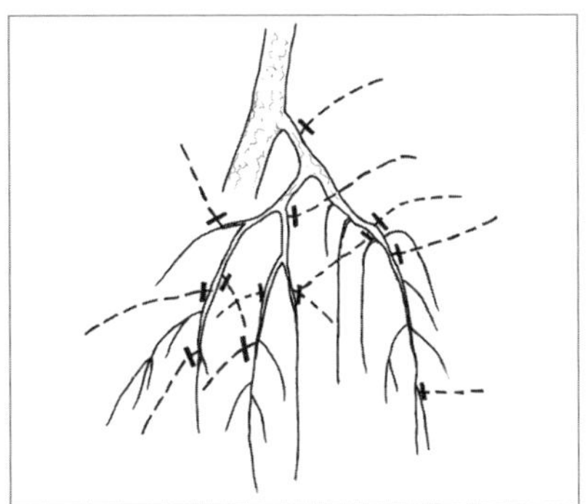

逆反向上的树枝和互相纠缠的树枝一定要从树枝根部切除。另外，修整要有长短，不能有一样长度的树枝。垂枝的粗细不同或是有老枝的话，都是古雅的样子。

●垂枝树的小枝剪枝 ②

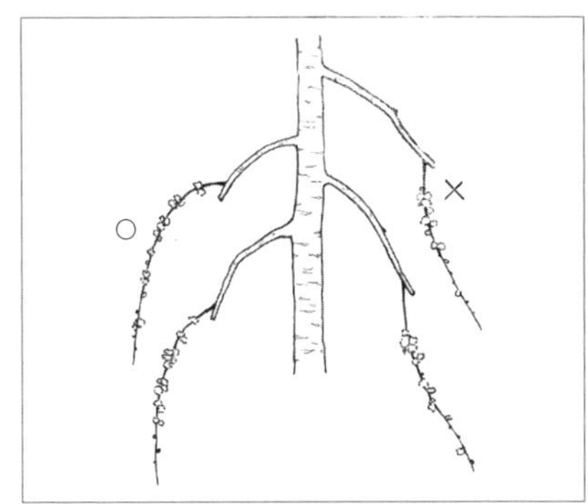

从树干长出的垂枝在进行切戾时，如果树枝在外芽(垂枝的外侧生出的芽)上端进行切戾的话，新梢向外侧伸展垂枝会更向旁边扩张，形成具有膨胀感的美丽树形。内芽延伸的话枝梢则会突兀在外侧，让树形缺乏柔和。

修剪

将徒长枝等打乱树冠的树枝预先用剪枝剪刀切除至修剪线以内。

修剪时使用修剪剪刀，以上次修剪的形状为基准，沿着比其稍微外侧的修剪线进行剪切。想要放大树冠时就弱，想要保持一定大小时就进行强修剪。即便是想要缩小树冠时，如果强修剪剪切到没有叶子的地方的话，因为会把芽全部切落，第二年不会发芽。想要进行强修剪将树冠缩小至没有芽和叶的地方时，在第二年欣赏开花时，将一半树枝切戾至比希望大小稍短的程度，让第二年树冠中生出叶和芽，再进行强修剪，修整树冠。修剪后必须将切掉的树枝全部扫落。

因为修剪的话会让树木疲劳，如果不是长势过于旺盛的树的话，修剪后或花期后要施与速效性的肥料。

树墙

从侧面容易修剪的高度开始，做好成为基准的平面，修剪其上下。侧面之后再修剪顶端。一次修剪后，要离开观察再次修正。不习惯修剪的人，最好在侧面练习之后再进行。因为长时期不做维护管理，发生需要进行大型修剪的情况时，在两侧用竹棍等垂直竖立，用绳子水平张开，从而决定修剪的基准。

●树墙的修剪

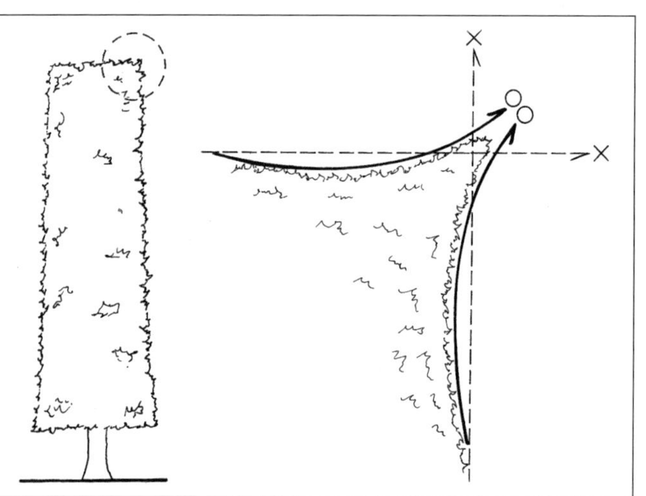

因为树木越往上生长越快，方形的树墙，侧面的断面要形成下方较宽的梯形。修剪为长方形的树墙，面与面的交界线会笔直清楚地显现。这时，如果面的中间稍微向下凹陷的话，交界线就不会被清楚地看到。

●树墙的修剪

作业前——枝叶伸展，树墙的面不成直线。

使用铲剪机（推子）将侧面从下至上修剪。

修剪上部。

在修剪高处部分时，最好预先准备好踏板，这样比较容易作业。

修剪残余和细部用修剪剪刀剪掉。

使用吹风机清扫结束。

作业后——树墙整齐，构成具有严谨的空间。

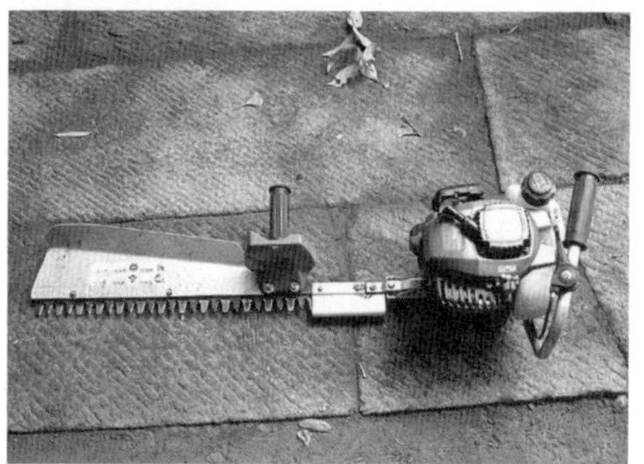

原来是使用修剪剪刀进行全部修剪，但是对于大型树墙来说，使用铲剪机的话效率高。

●青刚栎高树墙的修剪

作业前——高度超过 3m 的高树墙。

用铲剪机进行作业。

作业后——修剪结束，墙面整整齐齐。

大修剪

树高高的树种，修剪理齐为圆锥形或圆筒形。修学院离宫（京都府）的大修剪很有名。

●大修剪

枝叶伸展，墙面不整齐。

来回挥舞打镰修剪上端。

在树干架上棍子，形成踏板。踏板在每次完工后去除。

修整为缓和曲面的顶端。

●大修剪的工具

（从左开始）。修剪剪刀、磨刀石、打镰（关于修剪剪刀参照254、287页）。磨刀石是用来研磨刀刃的工具，研磨时按压刀刃的方法有窍门。

打镰的使用方法。只要来回挥舞打镰就能修剪很大面积。

用磨刀石将镰刀研磨锋利。

球形修剪

球形修剪通常从上部开始修剪。有圆弧的部分最好将剪刀的里翻过来使用。上部一方比起下部来日照佳、枝叶长势良好。要保持树整体的平衡，因为上部变浓的话会不自然，必须除去上部的部分树枝和整体的忌枝。为了通风和光照，进行树冠内的剪枝。同一个地方反复修剪的话切口会变粗，用修剪剪刀会难以剪切。这样的树枝要在树冠内进行剪切，从那儿会长出新的细枝。

●球形修剪

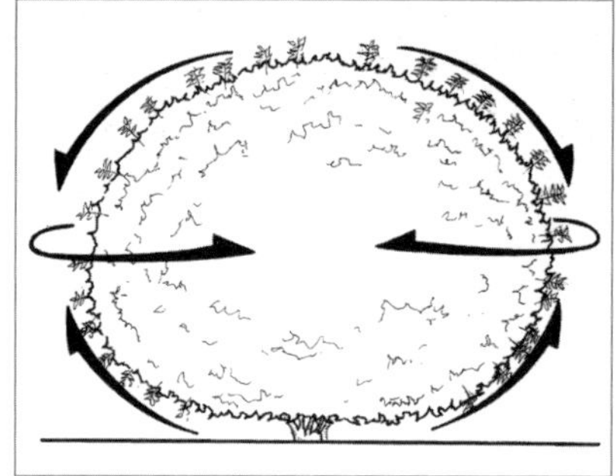

上部从上开始，下部从下开始，最后修剪四周。

●修剪的强弱

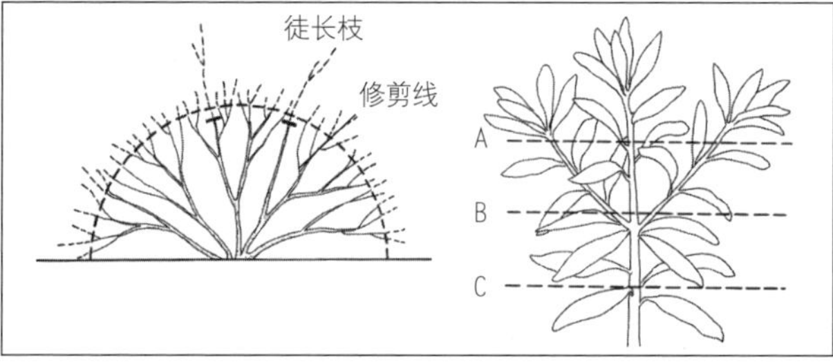

粗枝和徒长枝要在修剪线的内侧进行剪切。
扩大时在A处弱修剪，不想改变大小时在长新枝的根部B处修剪，缩小时在C处强修剪。

●修剪剪刀的使用方法

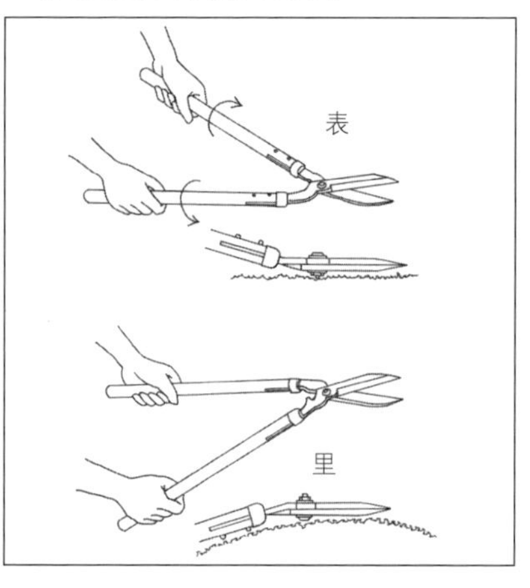

修剪平面时，将表朝上进行修剪。在修剪高处位置和进行球型曲面的圆修剪时，将修剪剪刀的里翻过来使用。修剪剪刀不用两手时，将一方的柄固定在树冠表面，只活动一只手也能使用。开闭时，如图所示转动握紧使用的话，刀刃与刀刃的咬合会更好，更加易于修剪。剪刀的位置可以稍微错开一点。

●皋月杜鹃的修剪

作业前——枝叶伸展，修剪的树形紊乱。

作业中——将修剪剪刀的里翻过来使用。

作业中——剪齐延伸的树枝。

作业后——整体修剪过后变得齐整。

●修剪

作业前——枝叶伸展，在庭园的作用变得暧昧。

作业中——用修剪剪刀修剪。

作业后——上面不做成树墙一样的直线，修剪为契合庭园空间的柔和形状。

吹寄

吹寄是一道种植五颗左右的灌木，是欣赏叶子颜色形状差异的植栽方法。

●吹寄的剪枝

作业前——枝叶茂密丛生,给人以阴郁的印象。

作业中——将叶子大的树木使用剪枝剪刀在树冠内剪切。

作业中——树叶小的树木使用修剪剪刀。

作业后——也有不加凹凸平面齐整的修剪情况。

竹子、筱竹类

竹子和筱竹持有的特有气质和风情充满魅力，在日本庭园偏好使用。因为竹子、筱竹根据维护管理的方法在一定程度上可大可小，要加减大小来与周围的庭木和构造物的大小以及氛围协调。

竹子

种植竹子的土壤宜干燥，不适应排水恶劣的地方。

混杂交错的要适当进行剪疏，弯曲形状不佳的和大小长短不合群的也要切除。因为老竹易于遭受病虫害，要观察整体平衡进行恰当地采伐。粗竹在根部切断竹干时，在半年或一年后要用砍刀砍出口子。这样做的话，之后割开的竹干会加速腐朽，变得容易拔出。

浇水——种植一周里每天浇水固然重要，当成活后除非特别干燥的情况以外都不需要浇水。夏天蒸发和蒸散厉害，因为持续日照的话会因干燥变得虚弱，这样的情况下和冬季少雨时需要浇水。

施肥——竹笋长出一个月左右前（春）和生长繁盛的时候（6~7月）分两次施肥。

风害——因为幼竹会因台风倒下或折断，要在避开台风方向的地方种植或者考虑为幼竹竖立支柱等。

病虫害——改善通风、根据肥料给予营养，将老竹更替为新竹。

●四方竹的剪枝

作业前——叶子繁多茂密。

作业后——整体变轻盈，营造出潇洒的氛围。

作业中——用剪枝剪刀剪疏叶子。

●大名竹的剪枝

作业前——新枝长势良好的大名竹。

作业中——剪疏不需要的新枝，通过整理枝叶，形成整体一致的样子。

筱竹

为了保持高度整齐而摘除新芽。冬季枯叶醒目难看时，要从根部修剪。剪齐后，到了春季还会长出新芽。

当修剪用作观赏时，与灌木进行同样的修剪。

●筱竹

●筱竹的修剪

作业前。

作业中——使用铲剪机进行修剪。

作业后——理齐高度，形成紧凑的氛围。

草本类、地被

羊齿类植物

羊齿类植物是用作欣赏叶子的，用于石组的修景和固定根部等。根据种类性质各异，喜好半日阴、有适当湿度的场所。因为是增株进行繁殖，需要剪疏混杂交错的叶子。

●羊齿类植物的维护管理

作业前——羊齿类植物繁茂，盖满石头。

作业中——剪疏叶子。

作业后——羊齿类植物和石组平衡变得良好。

草坪（日本草坪）

代替青苔作为地被，用于大面积。做出明朗、稳重的氛围。要保持优美的草坪，根据草坪的种类和环境来进行维护管理是很重要的。

修剪——使得草坪面的高度均一，防除杂草。另外促进分蘖扩张匍匐茎的伸展。但是，由于修剪会对草坪的生长产生不良影响，需要进行管理由施肥来进行营养补给，由充气、目土等来提高根的活性化。修剪的高度虽然因场所而异，但是注意不要修剪过了叶身的二分之一。草坪修剪机要使用磨得锋利的刀刃，在草坪干燥时进行。

施肥——在每月一次的修剪时施与。化肥按30g/m^{2}的比例溶于水喷洒。

目土播撒——在草坪生长初期和生长旺盛期进行。促使不定芽发芽，促进匍匐茎和根的生长。促进草坪没有凹凸、均一地生长。虽然能够达到增加适合草坪生长的土壤厚度等预期效果，但是也有缺点。增加杂草、草坪面徐徐升高，太多的目土也会阻碍叶子的呼吸作用容易形成病菌的滋生巢穴。

浇水——对于草坪浇水的频率，与草坪的种类和环境有关不能一概而论。要利用由于过度干燥草坪的茎叶会失去反发力的性质，通过是否留下脚印这样的方法来判断是否到了该浇水的时候。早上进行最佳，其次是傍晚。浇水时重要的是要充分不能留下斑块。留下斑块的话，那部分的草坪的颜色也会发生改变。

转压——抑制草坪的生长，修整草坪面的凹凸。但是，进行过度转压的话，会使土壤硬化，妨碍草坪的良好生长。用于转压的适当的滚子重量，刚做成的草坪为50kg，一般草坪为100～150kg。

充气——提高土壤的透气性。有用叉子状的东西在草坪面上刺入开洞的方法和用管状的东西在草坪下部的土壤拔出柱状开洞的方法。深度一般为7～8mm。

补植更新——草坪做成之后五年开始老化。重新铺设草坪老化的部分进行更新。另外，对于草坪面垂直切入，通过切断匍匐茎来使幼草独立从而达到草坪整体返老还童的目的。

舒展明朗的草坪庭园

防寒——草坪面覆盖菰席或莚席来进行保温。

除草、防除病虫害——通过除草剂或人手进行防除。

青苔

青苔的生长受到各种各样自然条件的影响，其中特别重要的是阳光、水分和温度。青苔生长不适合直射阳光，适合穿过树冠洒下的阳光的状态。也不适合地下水位高、常年湿漉的场所，必须充分进行排水。但是，通风过于良好的地方也无法生长。因为要全部满足这样的条件是困难的，制作庭园时需要耗费功夫，考虑树种的选择、排水、浇水等各种因素。架设庭园的场所要考虑和建筑物的关系，需要确保青苔生长的条件。

日常的维护管理——青苔最好每天用高帚仔细清扫。就像人每天用梳子梳头发一样，通过帚给予刺激，使青苔内侧与空气接触良好，另外，孢子更好地飞散，与青苔的优美繁茂紧密关联。另外一方面，也要能够仔细观察青苔的状态，能够把握浇水的必要性。水分过剩延伸过度的青苔，最好在倒下之前要看准时机进行修剪。

浇水——苔庭的维护管理第一要注意的就是浇水。青苔吸收的水分不是土中的水分，大半是通过全身吸收空气中的水蒸气。因此，浇水是要在青苔的体表附上水分，土中含有大量水分的状态并不佳。要看准青苔体表呈现稍微干燥状态的时刻。注意不能浇水过度。浇水过度的话青苔会生长过剩，虽然一开始看上去的状态很好，到头青苔倒下会全部毁掉。特别是配备洒水车的地方容易造成水分过剩，需要注意。

施肥——完全不需要。

防寒——虽然青苔耐低温强，但霜柱等会让依附在土上的青苔脱落，发生枯死。因此，容易形成霜柱的地方，需要用茅草等来进行除霜。因为下雪几乎不会造成青苔枯死。覆盖松叶是指覆盖松树的落叶。

防虫——青苔不太会发生虫害。但是，青苔出新芽时（5~6月），蛞蝓有时会吃新芽。

除草——有时会长出如钱苔和姬

水灵优美的苔庭

蛇苔等这样扁平的青苔，这在苔庭的景观上不佳。这样种类的青苔要用手小心除去。这时，为了不踏入青苔而要在踏脚石上架设踏板，站在上面去除。清扫落叶时也一样进行。

日本特有的树木保护

支柱

刚刚种植之后，为了帮助树木成活需要支柱。因为风造成树木摇晃的话，新根便很难伸展。支柱使用圆木的话要涂上防腐剂，树干支柱接触的地方全用杉皮包裹。支柱使用竹子的话，顶端要以塞住节孔。支柱相交的部分用铁丝连接（关于安装支柱时使用的工具参照306页）。

干卷

是移植树木的养生方法，有藁卷、绿化胶带卷、泥卷等。在发生环境急剧变化时，在由于日照造成树皮晒伤、由于冻伤需要除霜、有发生病虫害等的风险时实施。通常对于像阔叶树那样树皮薄且滑的树木是必需的。

雪吊

为了保护由于雪的重量有可能会折断的树木。特别是枝叶多的常绿树容易受到损害。因此，作为庭园主木的重要树木，其中松树、槙树类要实施雪吊，在防止因雪造成折枝的同时，也能达到作为冬季庭园景色的效果。竖立添加于树干的圆木或竹子，从其顶端用绳子等吊住树枝。也有在树枝上添加竹子进行吊挂的做法。

藁卷

对耐寒弱的树木进行的防寒措施。例如，苏铁最早是温暖地方的植物，因为耐寒弱，要用藁或菰席（用藁粗织的东西）等从树干的根部开始全部包裹到把叶子束起来的顶端。为了成为庭园中的冬季景色，作为装饰在顶端放上藁球。

●二脚鸟居

在独立树、街道树等要求美观的地方使用。

●添木

在树高低的情况适用。

●八挂

在树高 5m 以上的高树上使用。在高处位置有支点，用 3 点固定在地基上。

●布挂

排列种植的树木间隔比较近的情况，主要用于树围为20cm左右的中木，但在高木也有使用的情况。

●树墙

制作树墙时，以四目篱笆作为支柱。

●颊杖

树枝向四周横向生长的情况，从下方进行支撑。

●支柱材料

竹子，烧制圆木。

●用于保护的杉皮

●对于树干的保护

支柱与树干接触的部分，为了不伤害树干而用杉皮等来进行保护。

●干卷

●干卷用的绿化胶带

树干用绿化胶带进行包裹。

●为防止庭园里的树枝被积雪压断而用细绳将其吊起

●裹上麦秆的铁树

4 水池管理

年间管理

在日本庭园中为了让引入池塘的水能排流出去，原本是在可以取到自然水脉处设置池塘。通过水的循环保证了水质，使池塘中的水不会浑浊发臭。近年来的庭园大多没有自然水脉，但也制作了池塘，这样的死水池塘在水质管理上变得十分重要。

有过滤装置的池塘

前面提到在池底设置过滤装置（146页）后池中很少会出现沉淀物，几乎不需要清扫。过滤系统必须正确的制作池底的倾斜度及给予准确的给水流量。过滤装置的沉淀槽由于树叶等杂物的沉积，每3个月左右需清扫一次。而为防止过滤槽出现堵塞，每半年需冲刷一次。

没有过滤装置的池塘

如果没有过滤装置的池塘，由于沉积物等的沉淀，每年需1~2次抽干池水，清扫池底。如果池中有饲养鲤鱼的话，先把鲤鱼转移到池外后再实行清扫。或者清扫池底时留下少部分水，把鲤鱼赶到池塘角落并用渔网圈住，之后再进行池底的清扫。在考虑到鲤鱼需适应水温及水质的情况下，清扫完池底后池水不能一次性注入，需渐渐注入池水约2~3天。这种清扫的方法对于池中有饲养鲤鱼的池塘来说，并不是太好的方法，多少都会对鲤鱼造成一定伤害。

这种花大力气清扫池塘的方法并不是很推荐。现在制作池塘时一般都会有考虑过滤装置的设置。它不需替换池水就能保证池水的清洁与池中生物的饲养。

5 制作物的管理

由于竹篱笆、枝折户的老化，需要部分更换及制作。

竹篱笆的材料和工具

竹子作为竹篱笆的材料，通常使用生长了3~4年的竹子。这时的竹子材质坚韧，适于篱笆制作。5年以上的竹子发红，材质上也发脆，故不使用。竹子砍伐避开春天（这时竹子因生长关系材质相对柔软），一般在严寒来临前（11月~12月）。

竹子使用前需打磨。竹子一边用水冲洗，一边利用浸湿的米糠或麻绳等轻轻磨去竹子表面的污垢。在竹子上钉钉子时，为防止竹子开裂，事先用锥子开孔。

●洗竹

使用的竹子用水清洗后依据尺寸进行切割。

●烧制圆木

木柱为了防腐要涂上杂酚油或者做成烧制圆木。

●涂抹杂酚油

烧制圆木入土部分如果也涂上杂酚油的话，更加不容易腐朽。

●竹墙的工具

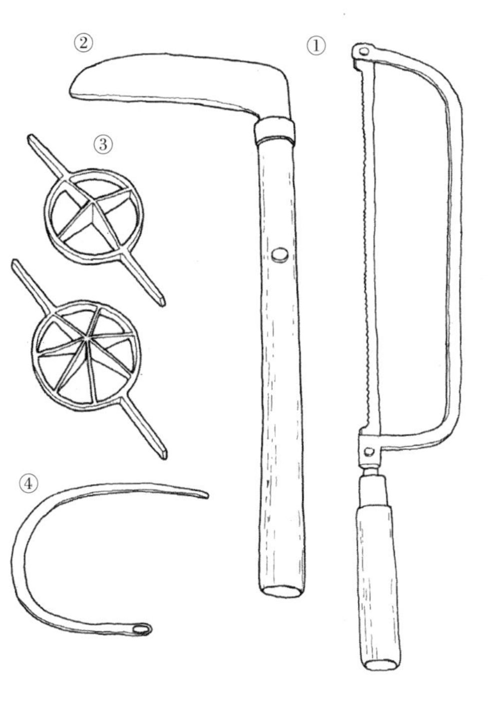

①竹锯——用于锯开竹子的锯子——为了能够干净利索地锯断竹子，比一般的锯子锯刃更细。

②竹镰——用于劈开竹子的工具。刃部扣上竹子的断面，用木槌在背部敲击就能开始切割。随后反向抓握，往跟前拉进行切割。

③菊割——劈开竹子的工具。将菊割的中心合上竹子的中心用木槌轻轻敲击，握住菊割的两端向下按压。其后，再抓握竹子的上部，利用菊割的重量一直切割到下方。图为四分切割用和七分切割用的菊割。

④缲针——在用棕榈绳连接竹墙时使用，是做成鱼钩型的铁制工具。将棕榈绳穿过洞眼，插入竹子之间，利用半圆形穿到跟前来进行使用。

四目篱笆的制作方法

●四目篱笆

组成格子状的竹墙。虽然可以围住用地内的一角等，表示空间的边界，但由于高度低间隙大并不遮蔽视线。是制作方法最为简单的竹墙之一。

●四目篱笆的制作方法

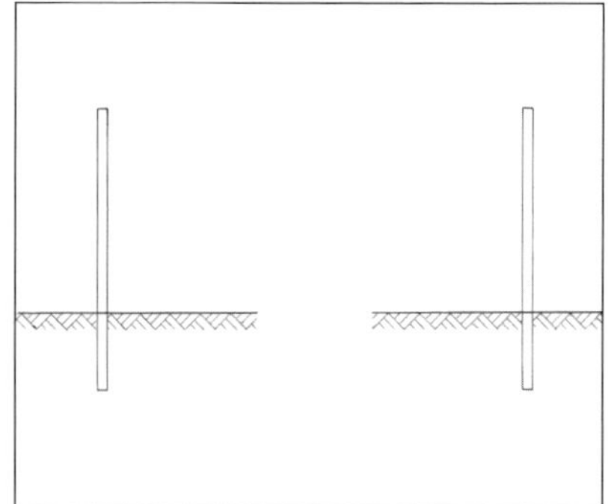

亲柱的打入
制作篱笆的地面不能有凹凸。亲柱要垂直打入。要稍微填点土，用棍子捣实。

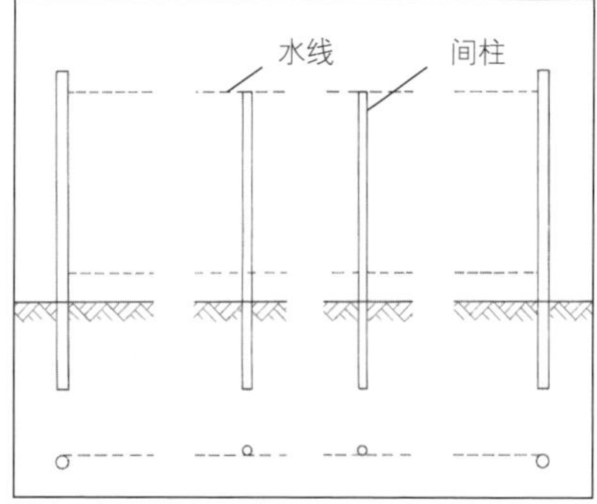

水线、间柱
亲柱之间水平拉起水线。由于亲柱的顶头稍微比以后做好的竹墙高出一点儿，要在顶头下面的位置拉起水线。契合水线，将间柱垂直打入。

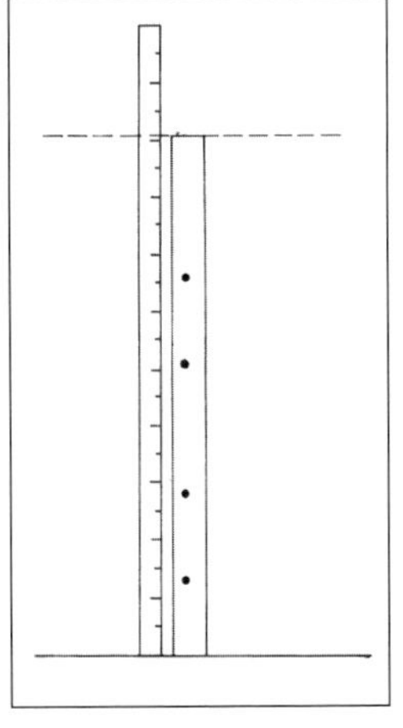

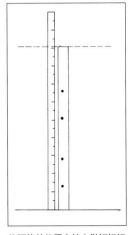

将胴缘的位置在柱上做好标记
定下胴缘的段数，将其位置在柱上做好标记。要根据篱笆的高度改变胴缘的段数。

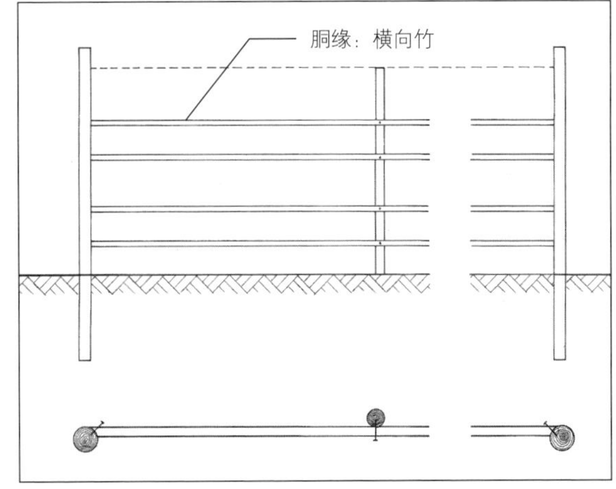

打入胴缘
用笔直的竹子水平打入。这时要注意不能弄裂竹子，在顶在柱子的部分用锥子开洞后再钉入钉子。打入固定柱的部分，竹子根部要切成 45° ，用锥子开洞后再钉入钉子。拆除下面的水线。

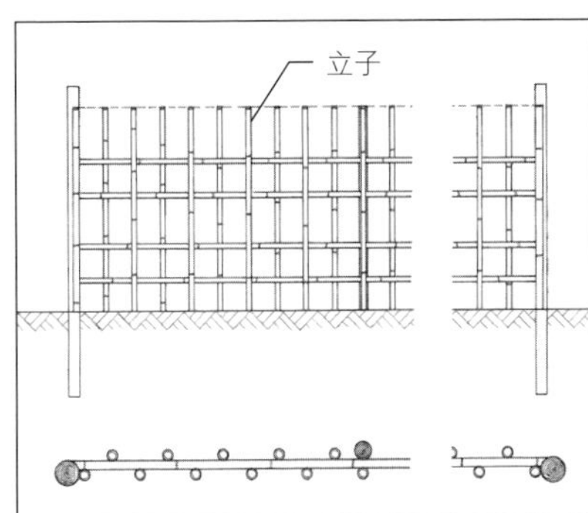

竖立立子（竖向竹）
立子的长度要比篱笆的高度短，顶头要切割至竹节封闭处。定下立子的间隔，契合水线，垂直打入地面。这时，要注意不能弄裂竹头部分。

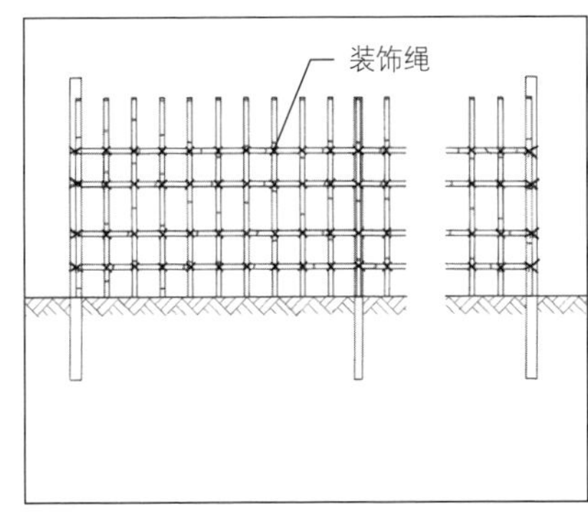

完成装饰绳的连接
间柱部分的胴缘要从里连接。其次，胴缘和立子的交叉点，全部从竖立立子的一侧连接。绳子采用染成黑色的棕榈绳，以男结连接。拆除上面的水线。

●竹子的连接方法

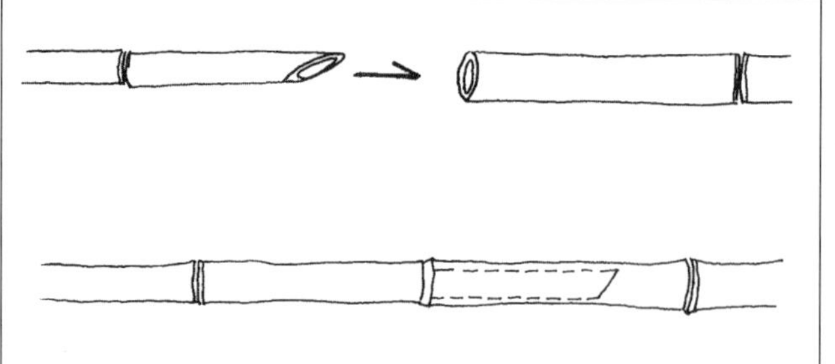

将竹子根部的竹节削去，插入和前端部分大小吻合的竹子进行延长。

●贝冢捆法

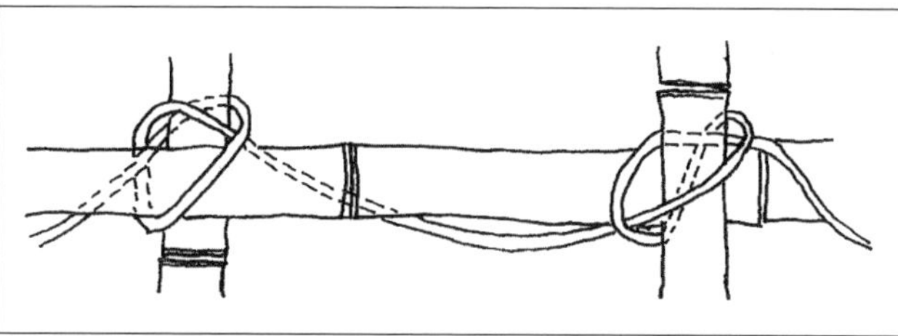

男结必须一个一个分别打，但也有将立子在胴缘上连续捆绑的方法。这也有使用藤蔓的情况。虽然有因一个地方切断的话就会让整体松开的缺点，但能够快速捆绑。

建仁寺篱笆的制作方法

●建仁寺篱笆

因为是不留缝隙进行安插竹子，所以不仅隔断空间也完全遮挡住视线。另外，也有覆盖隐藏邻地的墙壁或室外机等异质物的使用方法。

●建仁寺篱笆的制作方法

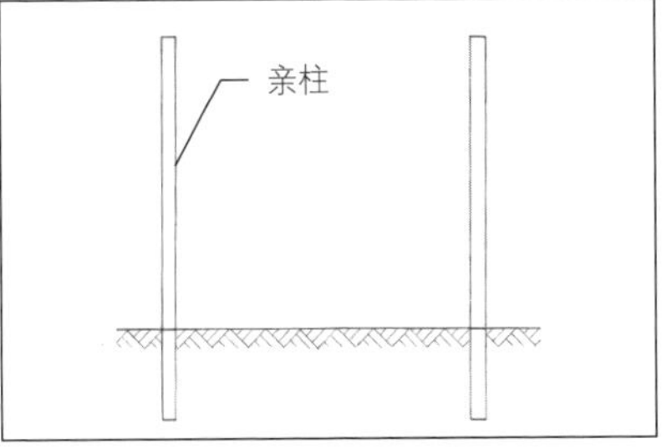

竖立亲柱，在上面标上贯木的位置。

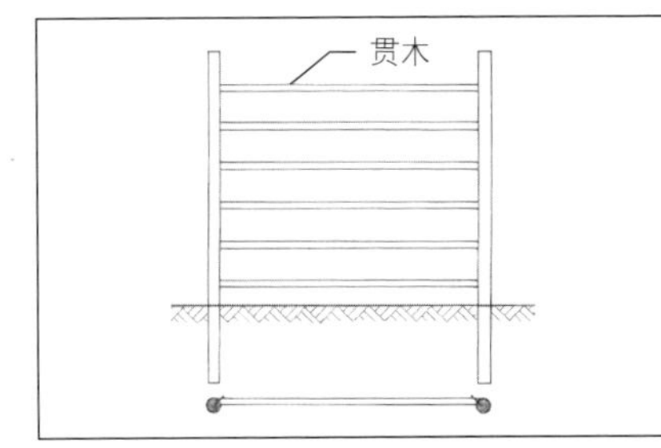

贯木水平，用钉子打入固定在亲柱上。贯木使用方形竹材。

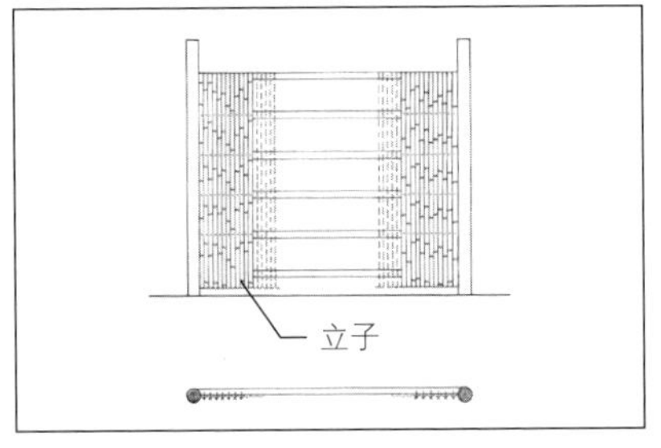

在贯木上上下垂直做上立子的标记。将立子用锥子开洞，用钉子固定在贯木上。立子从两端开始安装。立子的固定也有不使用钉子，用针和绳子编织固定的方法。

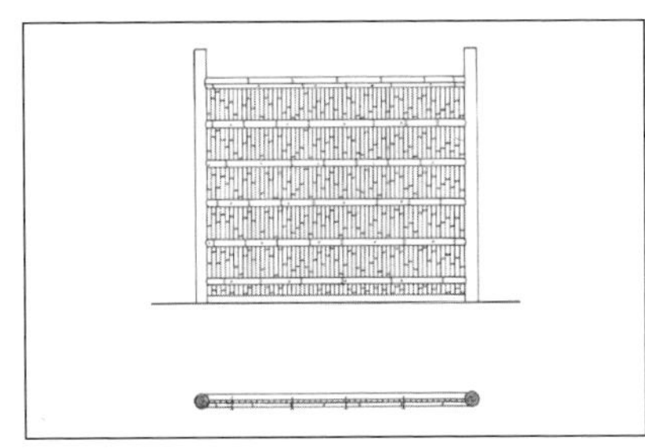

押缘用钉子固定住。押缘将竹子的首尾交互按住。

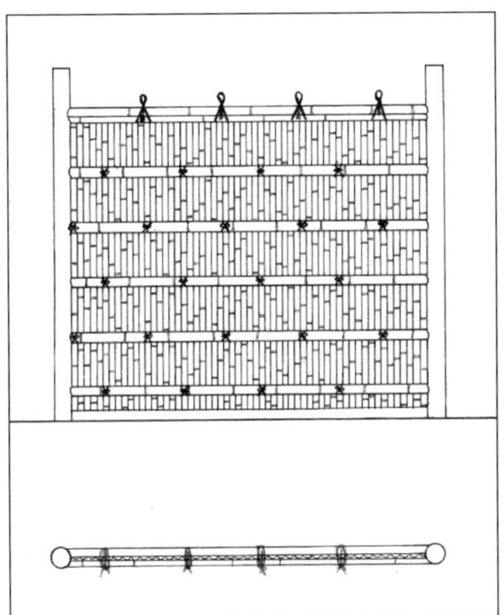

钉子的位置用装饰绳连接。在最上面的押缘用劈成两半的竹子覆盖，系上两道绳子进行装饰。完成。

绳子的系法

男结——制作竹墙时的代表性系绳法。为了捆绑牢固，要使用两根棕榈绳，在柱上绕两圈后再开始打结。

●男结（右撇子的情况）

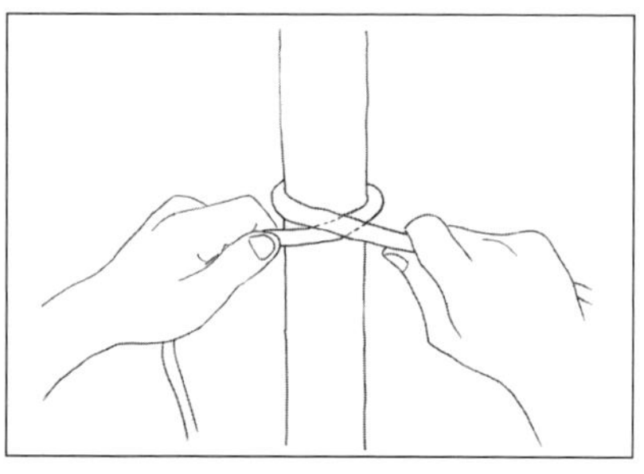

①将绳子两端在柱的正面紧紧交叉。

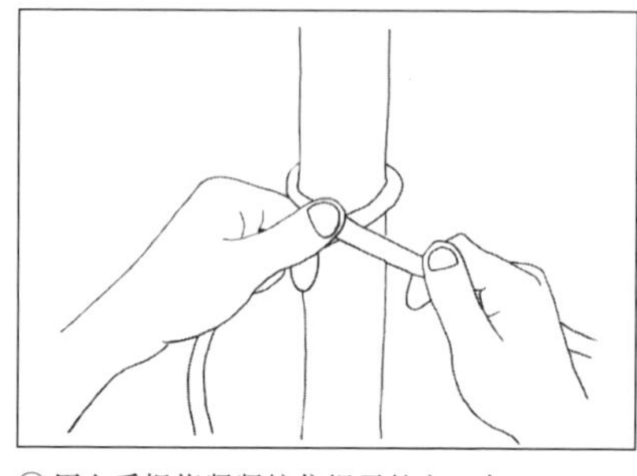

②用左手拇指紧紧按住绳子的交叉点。

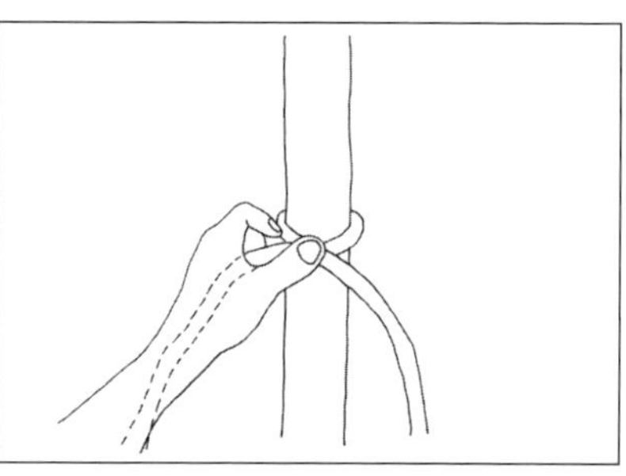

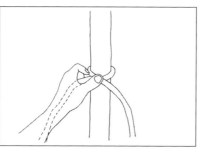

③只用左手握住绳子不能放松。

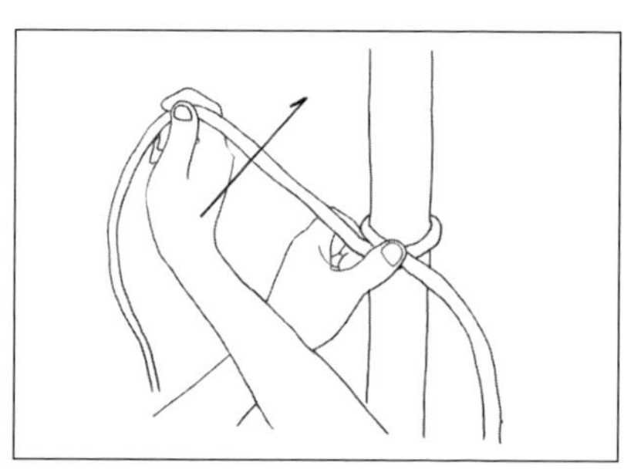

④将垂在左侧的绳子用右手握住。

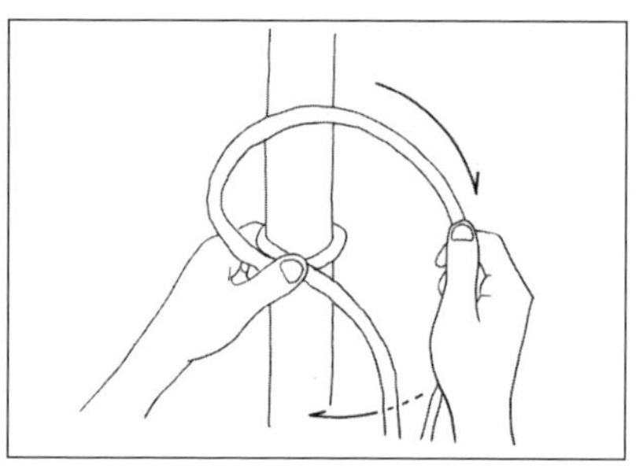

⑤用右手做出一个圆圈。

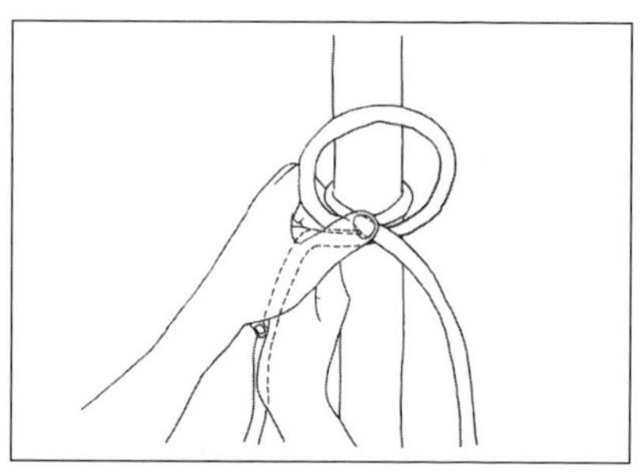

⑥将⑤的绳子通过垂在右侧的绳子下方，用左手拇指一起紧紧按住。

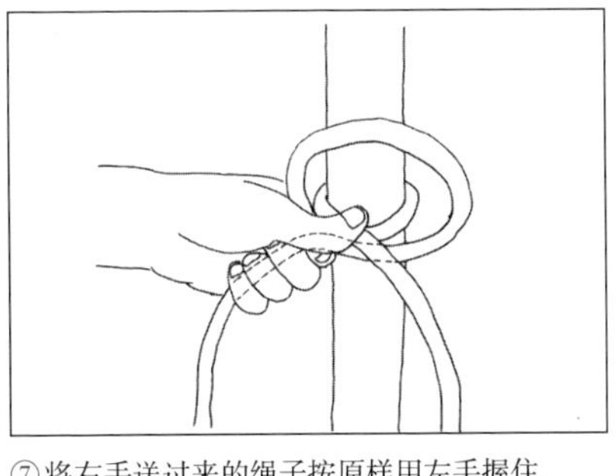

⑦将右手送过来的绳子按原样用左手握住。

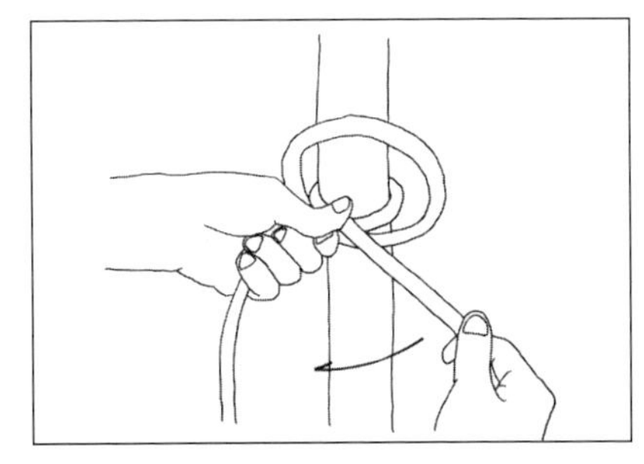

⑧将垂在右侧的绳子用右手拉紧，让它钻过左手的下方。

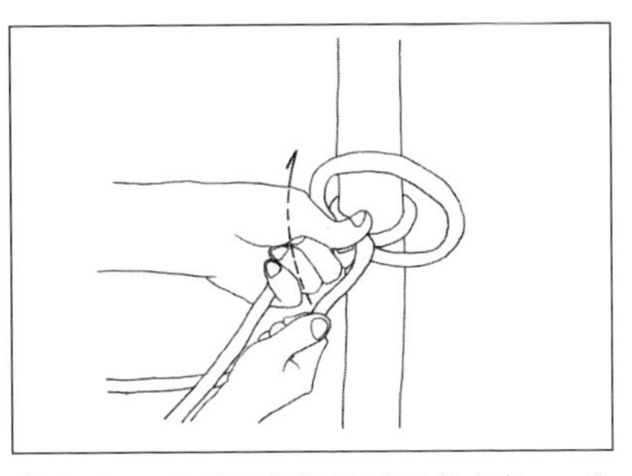

⑨这时，一边用左手拇指紧紧按住交点，一边将右手的绳子按压送至柱旁。

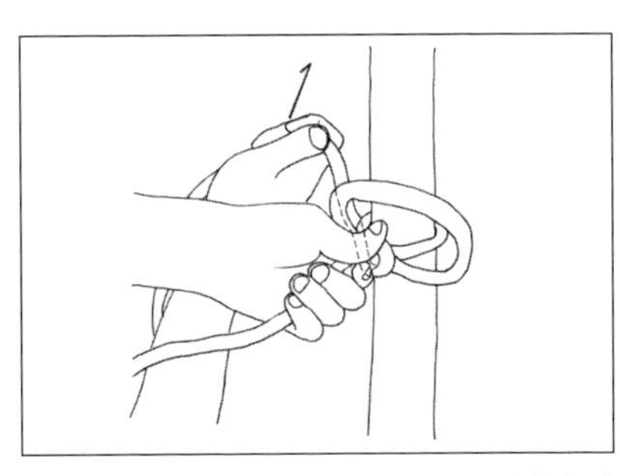

⑩将右手以原样穿过左手下方，一边用力拉右手的绳子，一边用左手拇指紧紧按住绳子的交点。

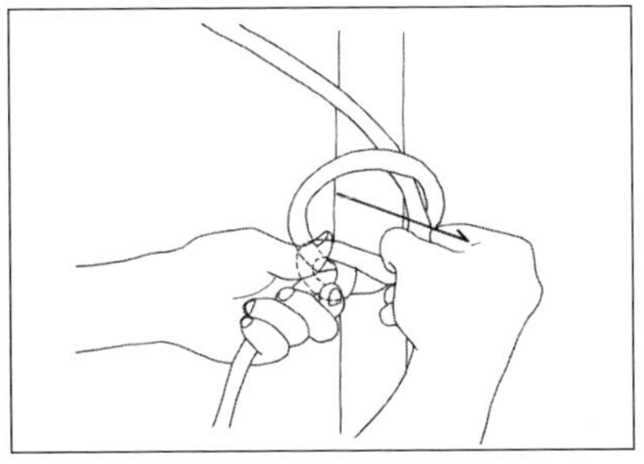

⑪将⑩（从左手下方送过去）的绳子穿过做好了的圆圈。

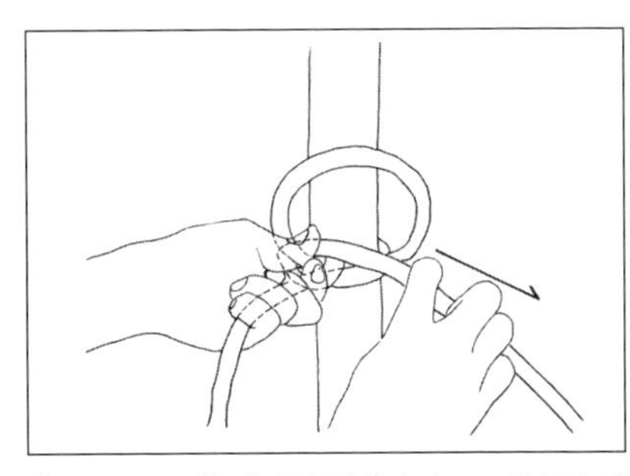

⑫一边用左手拇指紧紧按住交点，一边用右手拉绳。

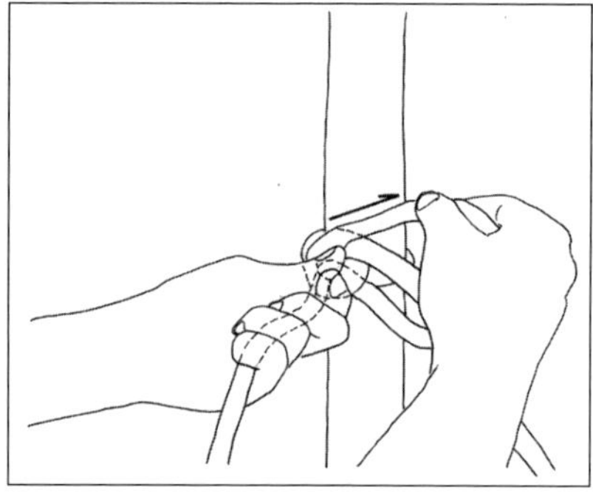

⑬拉圆圈直到钻入左手拇指下方，缠好结扣儿从上面按住。

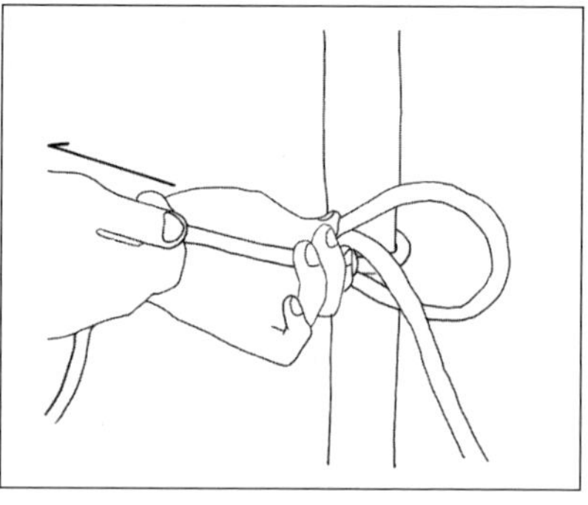

⑭将左手握住的绳子换作右手来拿，轻轻地往跟前拉。

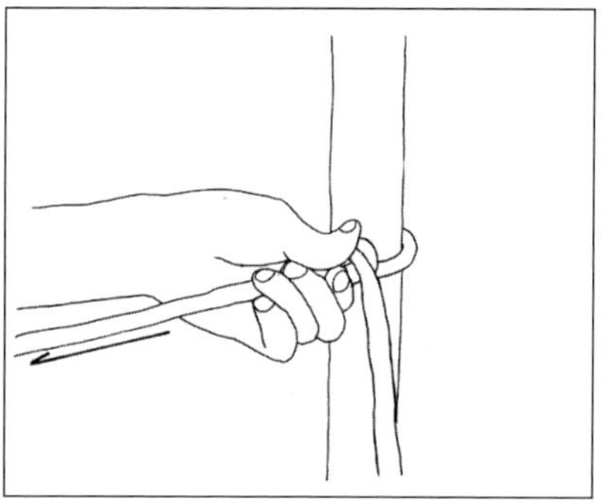

⑮为了不让结扣儿松开，像左手那样按住，将右手的绳子全部拉紧。

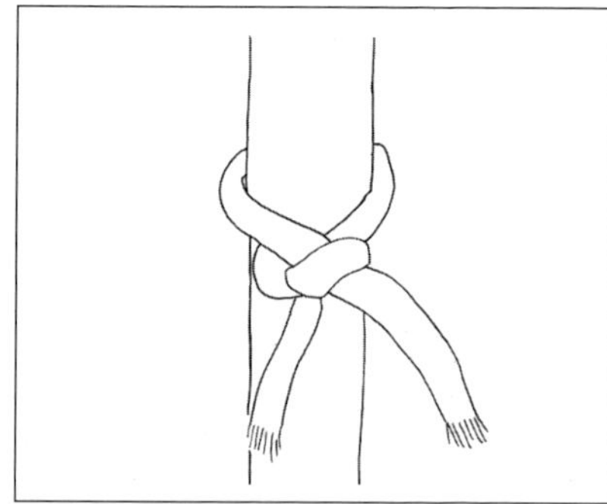

⑯男结完成。

6　维护管理的年度计划

日本的情况

1月~2月

各种庭木的施肥

普通的庭木即使不施肥每年进行整枝剪枝的话也能生长，但是为了生长更佳，开花结果更多的话则需要适度的施肥。从1月到2月施肥最好，作为肥料最好是有机质的各种混合肥料。

药剂喷洒

介壳虫等用竹篦拨落，喷洒机械油乳剂、石灰硫磺合剂等。因为可能会产生药害的风险，要在树木等的休眠期也就是1月到2月期间进行，这是伤害最小的最佳时期。为了捕杀松毛虫而包裹在树干上的菰席要在2月上旬到3月上旬取下焚烧。

3月~4月

整枝剪枝

修剪筱竹类和龙须草。草坪撒入目土和除草。山茶树、茶梅树、梅树、海棠树和木瓜树等要等花期结束之后进行剪枝。

药剂喷洒

因为是各种病虫害发生的时期，要喷洒药剂。作为防除药剂，使用波尔多液、有机硫磺剂、DEP乳剂、硫磷杀螟剂和马拉松乳剂。对松枯病要采用乙拌磷和甲基乙拌磷等进行预防。

草坪目土

为了使草坪繁密平滑，使用烟土（混合肥料）撒在草坪新芽上。

5月~6月

整枝剪枝

松树的绿摘，各种庭木的剪疏剪枝及去除蘖枝。杜鹃、皋月杜鹃类要等花期过后进行剪枝修剪。

施肥

各种花木的施肥。（豆饼、草木灰等）

药剂喷洒

作为预防定期喷洒。

草坪维护管理

修割草坪。（5月~10月）

草坪的施肥

在每月一次的修剪时施肥。将化肥以30g/m^{2}的比例溶解于水进行喷洒。

7月~8月

整枝剪枝

对花期过后的花木、常绿阔叶树进行维护管理。

草坪的维护管理

修割草坪、施肥、除草、喷洒药剂。

浇水

避开正午高温的时候，早晨和傍晚在叶子及根部充分浇水。

9月~10月

整枝剪枝

防备台风进行枝透等，另外要补强支柱。麻叶绣线菊、珍珠绣线菊和满天星因为在10月花芽分化，所以要在9月趁早修剪。

草坪的维护管理

修割草坪、施肥、除草、喷洒药剂。

药剂喷洒

全部树木。

11月~12月

整枝剪枝

松树等针叶树的维护管理，花木类的剪枝，为捕杀松毛虫在松树包裹菰席（11月）。

落叶等的清扫

因为会成为病虫害的越冬处，要进行清扫和焚烧。

药剂喷洒

作为一般预防，喷洒石灰硫磺合剂。

浇水

即使在冬季，降水少的时候要在无风的、暖和日子的正午浇水达到地表湿润的程度。

青苔的防寒

覆盖松叶。

※上述的作业内容是在日本一般性的管理要领，要依据其庭园所在的地域和周围环境等来进行变更。

第7章

道具

道具

1　石头

石头加工及摆放时使用工具的介绍。石头加工时根据工具的不同，石头分离面的大小，料石深度，各种石面效果等都可以得到表现。

●飞矢（楔子一种）

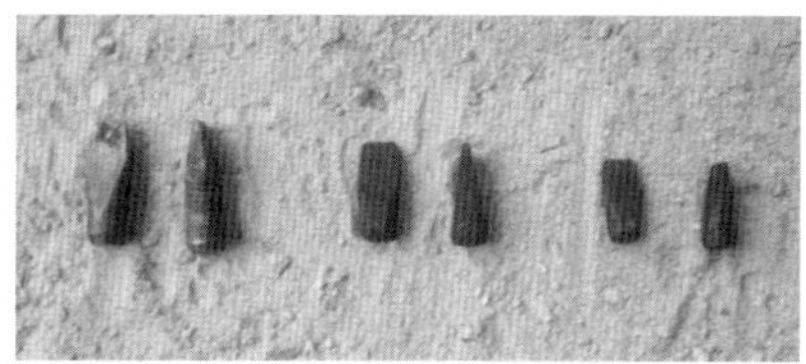

分裂石头的工具。在石头钻孔处放入飞矢，用铁锤敲打飞矢使其深入石头。随着敲打力度增加及钻孔扩大，使得石头分裂。

●圆凿钉，三角凿钉

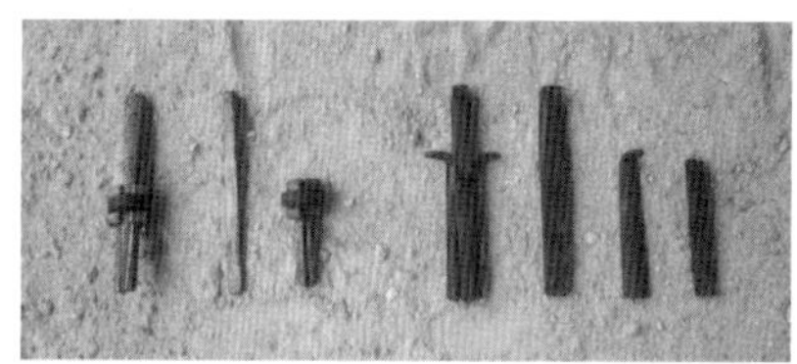

在飞矢（楔子）敲打进石头之前，用圆凿钉，三角凿钉钻洞。

●扩张楔子

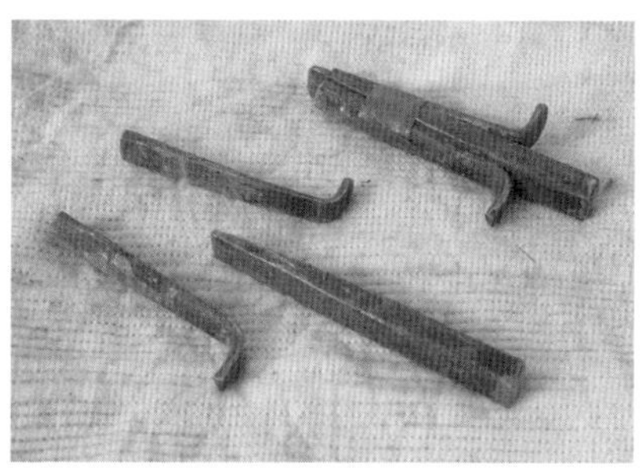

一种分裂石头的工具。在事先钻好孔的地方放入扩张夹，在扩张夹中再放入楔子用铁锤捶击打入，使石头分裂。

●使用扩张楔子分裂石头

在石头需要分裂的地方打上孔，把扩张楔子前部插入用榔头捶击打入，使石头分裂。如使用多个扩张楔子时需均等捶击。

●凿锤、刃锤、轻凿锤

石头表面加工的工具。利用锤端处凹凸格子、一般有16格、25格、64格、格数越多石头凿面越细。此外，刃锤顾名思义锤子一头为刀刃状，敲打石头后留下一列平行状凿面。由凿锤加工后石头表面留下的痕迹称为凿面效果。轻凿锤锤端比刃锤略钝，其敲凿后留下痕迹称为轻凿面。

●凿子

石头表面加工的工具。过去使用的凿子（左）前端部分嵌入了钨钢。为了提高硬度现在（右）凿子前端嵌入了类似金刚石的混合金属。

●凿子使用例

一手握住凿子,一手用榔头捶击,加工石头表面。根据凿子与石头接触的角度、榔头锤打力度，石头表面出现不同效果。

●尖头锤

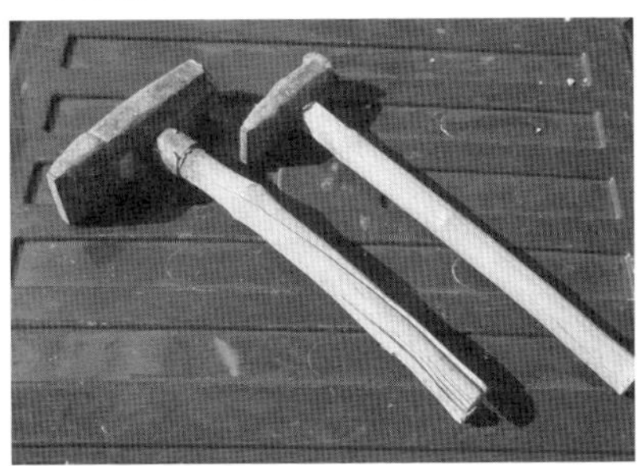

一头为刃状、一头为钝捶。在大面积削落石头表面时使用。尖头锤有大小数种，根据使用目的选用适合的大小。

●榔头

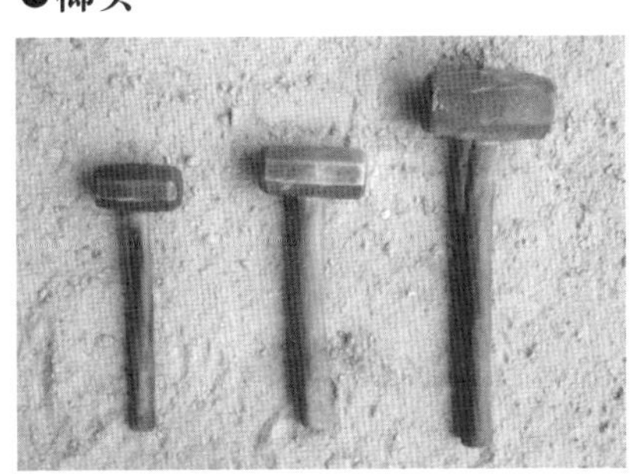

榔头是用于凿子敲打石头时使用。有不同大小、轻重规格。一般是以单手使用为主。

●加工用锤

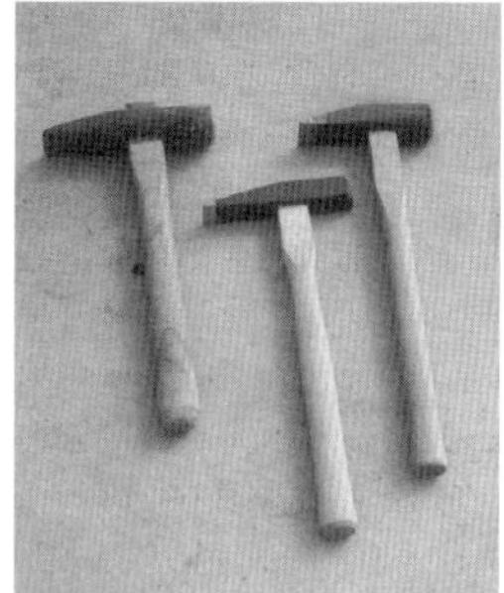

加工石头细部时使用。根据加工部位及表面效果选用适当大小规格。

●铁锤

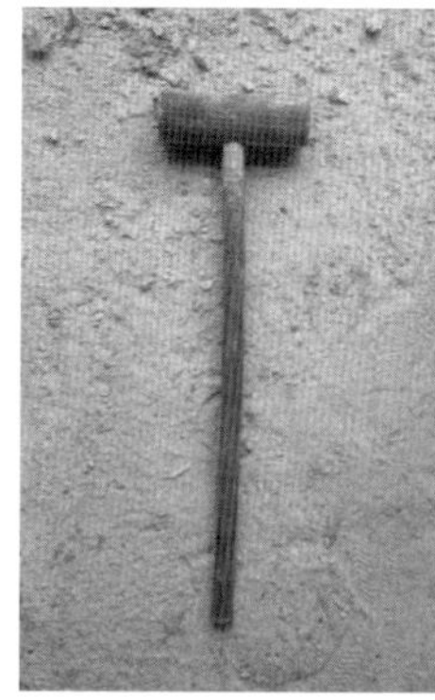

在楔子打入石头、分裂间知石时使用。其头部较大，柄长。以双手持握使用。

●木槌

因以木制为主，敲击时不会使石头受损，常用于平板物固定。也有橡胶，塑料制。

●固定平板

以石头制成的平板进行固定。利用水平仪确认水平的同时调整石头摆放高低。

●铁锹杠

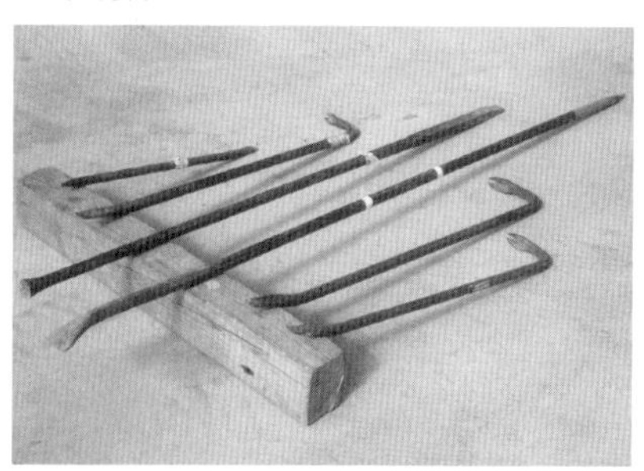

长度规格有 30cm~150cm，利用杠杆原理移动重物。此外也作为锹开石头的工具之一。

●三尺尺

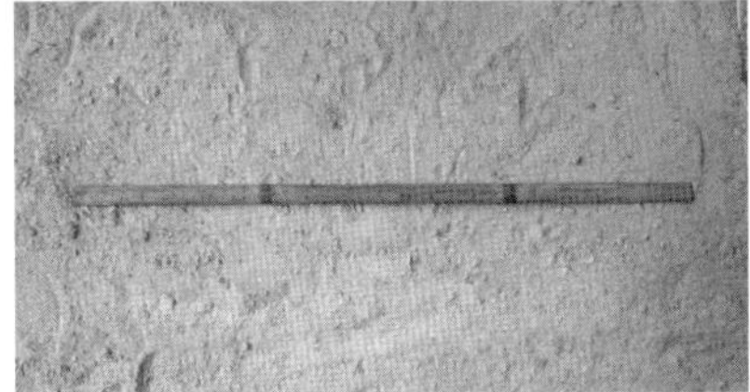

测量石头尺寸及用于划线的道具。现在还依旧以竹子制作。

●墨壶

墨壶中乘有墨汁，利用墨刺划出基准线、标注等。此类作业称为打墨线。

●毛刷

以棕榈制作的毛刷。在石头加工后清扫细处灰尘。

●固定石头

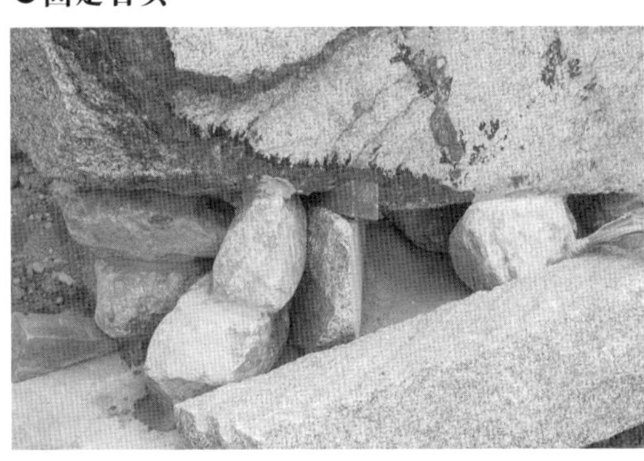

速干水泥能在短时间内定型，施工时利用速干水泥使景观石与填塞石固定。

2 栽植

栽植施工与修剪维护使用的工具有很多。在这里主要介绍一下修剪维护与清扫打理时所需要的工具。根据树枝粗细，落叶大小，区分修剪道具及扫除工具。

●修枝剪刀

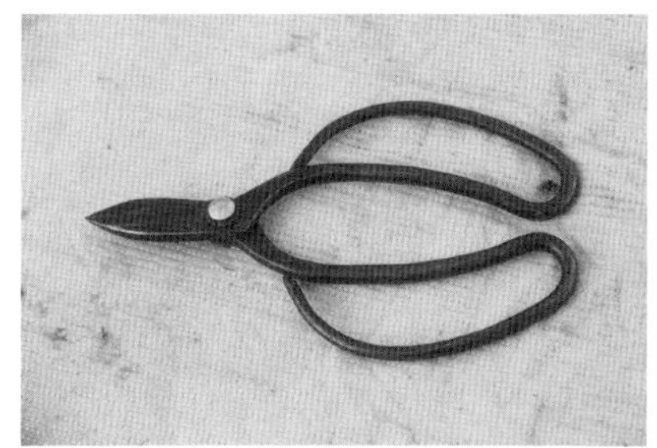

主要是以小枝及树叶的修剪为主。是修剪枝叶时常用且便利的工具之一。

●修枝剪刀的使用方法

如图所示，食指扣住下方，在细小部分的修剪中，能更灵活的使用。如果在修剪略粗树枝时，大拇指更伸入扣住上方部分,这样能使出力气。

●园艺剪刀

主要是以修剪中枝时使用。原本是用于果园修剪使用，后因为便利也用于庭木修剪。

●园艺剪刀的使用方法

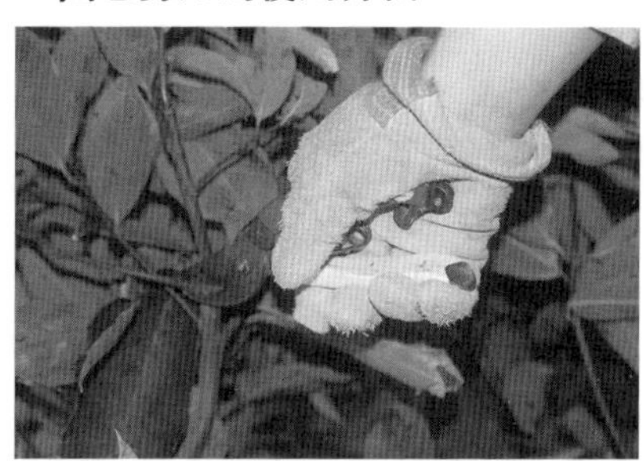

如图所示，四指扣住下方，拇指扣住上方使用。在树枝略粗难以剪断时，夹住树枝后左右拧，可使树枝断开。

●平剪（双手剪）

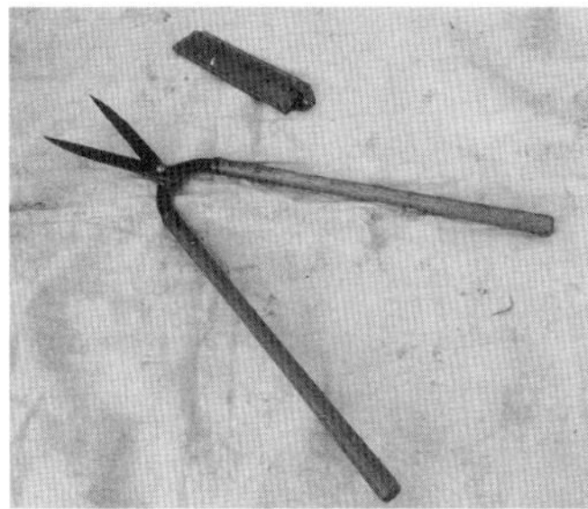

制作灌木篱笆，人工树形等修剪时使用。刀刃较厚，柄较长，修剪省力。（详细参照253页）

●高枝剪

剪刀置于柄的前端，在修剪高处枝叶时使用。有时前端也有安装锯子。

●树枝锯

用以修剪粗枝时使用。锯刃长为30cm左右，图中为折叠式，便于携带。

●工具套

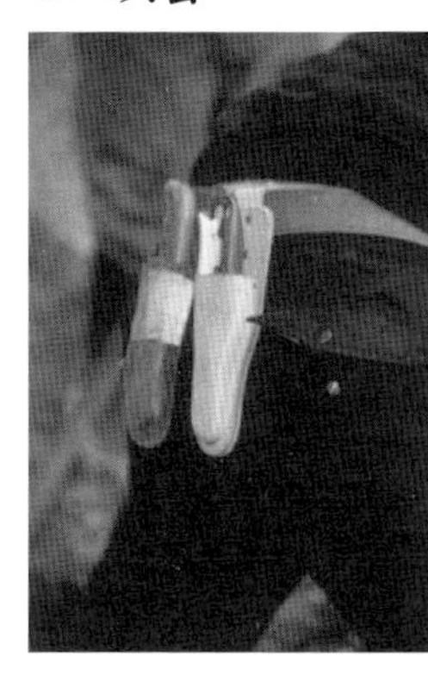

系在腰间的工具皮套，可放剪刀、折叠锯等。是携带工具时必不可少的工具。

●宽锯

在树枝锯难以锯下的粗大树枝修剪时使用。

●割草镰刀

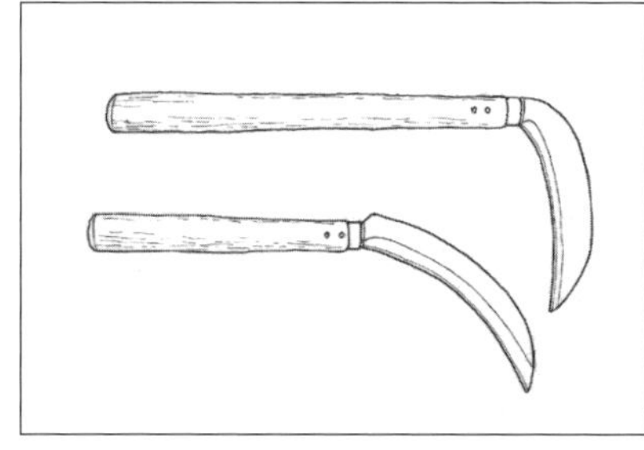

木制柄月牙形刀刃，用于割草的工具。

●扫除道具套具

根据作业不同使用款式大小不同的笹子。图中左上为畚箕，收集灰尘的道具。有时也作为搬运杂物使用。

●扫除中的景象

庭园扫除次序是，先用笹子汇拢较大树枝，其次使用竹扫帚，最后细小部分使用小笹子或手帚扫除。细小枝叶汇拢到畚箕。

●网

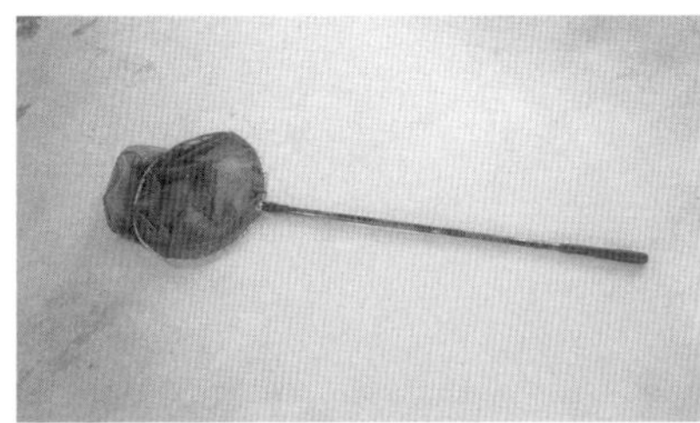

打扫池中落叶的工具。

●耙子

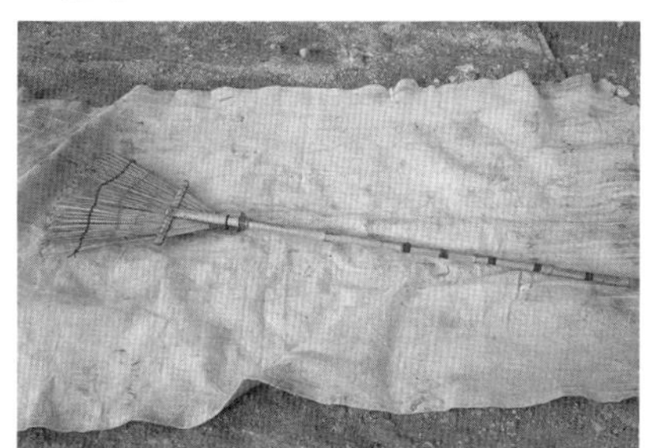

长柄前端有竹制构型爪，用来收集修剪后掉落的枝叶。

●竹扫帚

长柄前端捆上竹穗，作为扫除落叶的工具。

●手握小扫帚

竹穗捆在一起作为扫除工具。常用于清扫踏脚石与踏脚石之间的细缝及庭园角落等细微处。

●电力鼓风机

修剪后把枝叶收集在一起的工具。

●燃料式鼓风机

燃料式比电力式风力大,但负重也相对比较重。

●梯凳、梯子

图中从左开始梯凳(四脚)、梯子、梯凳(三脚)。三脚梯凳能在起伏不平的地面上较易固定。

●梯子的依靠例子

在梯凳不能到达的高处施工作业时使用。在梯子难以依靠树枝时，使用长木棍（如图所示）一头与树枝相绑，一头插入地面，然后再与梯子绑住。这样梯子就不会倒下了。

●树木记号

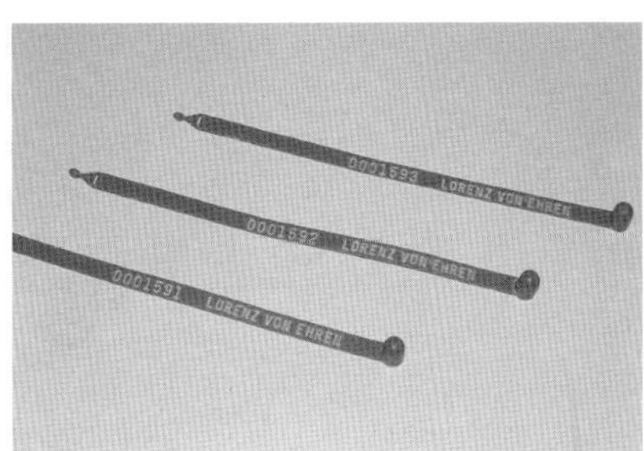

在苗圃中找到适合树木后系上写有编号名称的绑带（如图所示）。以便于之后施工确认。

●在树木上做记号

庭园栽植前，根据设计师意图在苗圃中寻找适合设计旨意的树木。当遇见适合树木后，会在树木上做上记号。

3 土

地面工程所使用的工具的介绍。这些工具大多都改良于农业生产所用的传统工具。施工时先确认施工现场土壤状况，然后选择适合的道具。在施工过程中时常会出现土质变化，施工前需预备好多种规格的工具。

●方头平铲

用于排水沟清理污泥、翻砂等作业。

●方头平铲使用例

使用时不要以点做接触面，在平坦的场所使用。

●尖头铲①

用于掘土的工具。头尖，末端有用于手握部分。

●尖头铲②

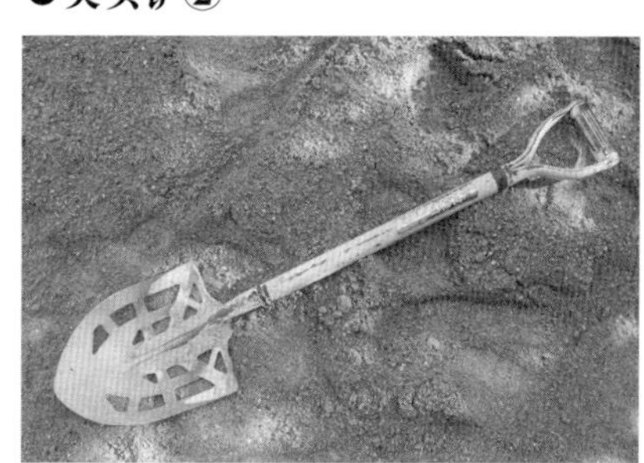

不适合湿度较大、较硬的土壤。适用于挖洞。

●锄头

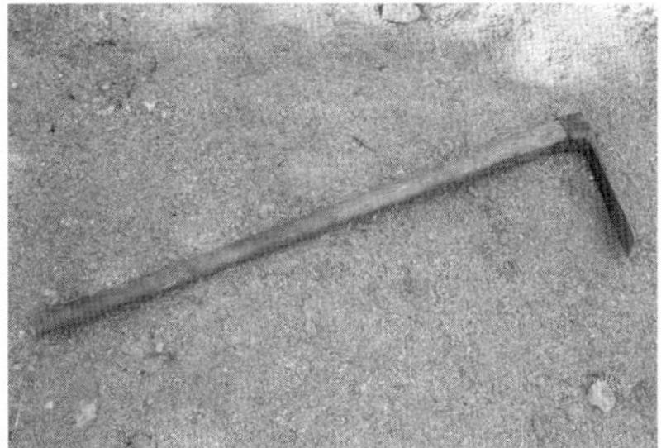

松土工具。双手握柄，挥落使用。临机性大，是非常好用的工具。

●锄叉

耕地工具。

●锄镰

翻土翻沙等使用的长柄工具。

●铁锹

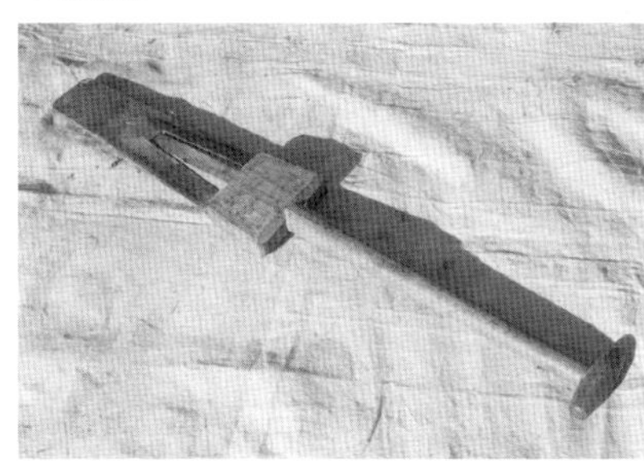

用于掘树的工具。利用工具自身重量，翻土挖掘。

●鹤嘴（镐）

翻动碎石或坚硬土壤时所用工具。两端尖锐，使用时需注意周围安全。

●泥瓦刀、移植铲

泥挖刀（左）用于修正地面地形。移植铲便于挖洞，在移植植被及小型植物时常被用到。

●夯

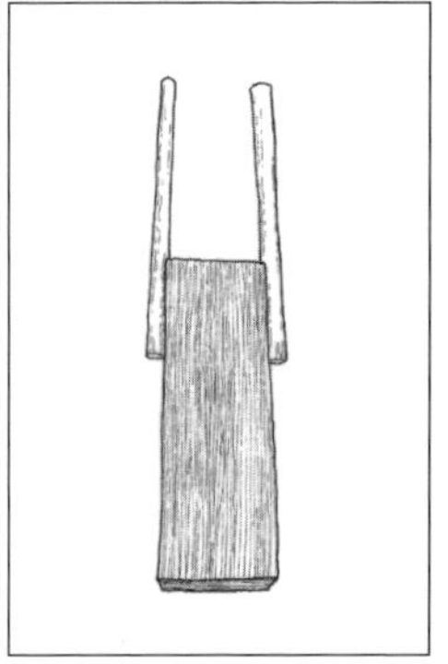

以人力平整地面夯实碎石时使用的工具。握住上方木棒，笔直向上举起，利用自重，垂直落下。

●平整耙

用于平整地面的工具。

●挽板

均匀铺平地面，在泥瓦刀步骤前使用的工具。木板的大小形状随使用人习惯。

●挽板的使用

挽板竖立均匀铺平地面，地面角落处使用挽板的锐角部分。

●钉齿耙

在整理地面时使用的工具。清除地面混杂的垃圾的同时使得地面个均匀平整。钉齿有不同大小规格。

●沙纹用钉齿耙

枯山水的沙纹制作时使用的工具。钉齿耙背部用来平铺沙砾，钉齿部用来制作纹样。比起整地用的钉齿耙，钉齿的间距要宽。根据庭园需要，样式不同。

●沙纹用钉齿耙的替代品

海外作业当没有沙纹用钉齿耙的情况下，把木板切成齿状，作临时代替之用。

4 起吊

起重机起吊重物所需要的工具介绍。在置放石头、移植树木时，大多起吊后其姿态在空中即已决定。起吊高度，空中作业时角度微调等对工具的了解是非常必要的。

●铁缆

起吊物体时使用频繁的铁制缆绳。根据物体重量决定铁缆粗细。

●铁缆束口环

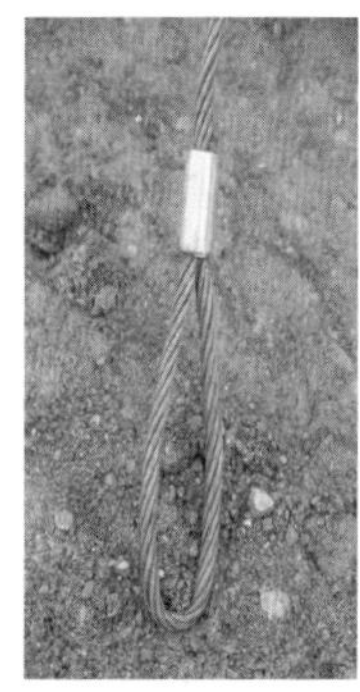

铁缆末端做成环状，另一端穿过环后把东西捆住。石头施工时束口环处容易损坏。

●萨摩编制铁缆束环

比起束口环，萨摩编制法制作的铁缆束环更为柔软，在姿态不同的石头施工时更为便利。

●铁缆束环使用

重物绕上铁缆，铁缆一头穿过束环。缓缓吊起重物，调整重物位置，直到束环扣紧重物。

●金属戴扣

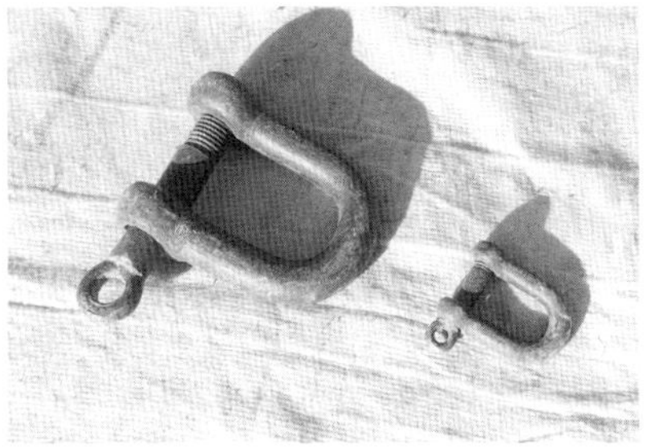

用于铁缆、缆绳等穿挂使用。根据铁缆、缆绳的规格数量，选用适合的金属戴扣。

●金属戴扣的使用

金属戴扣可连接多根铁缆。

●链轮和滑轮的组合

升降重物时使用的工具。挂在起重机或三叉上使用。

●链轮和滑轮组合的使用

石头施工时，先与起重机连接，提起石头后调整石头高度。

●链轮上卷机

原理和链轮和滑轮的组合一样，利用齿轮上卷带动重物。树木、景石等角度调整时使用。

●链轮上卷机的使用

图中二人爬上石头，利用了两个链轮上卷机由两侧调整石头的角度与朝向，此作业危险性较高，需熟练人员操作。

●绳网

用缆绳编制的工具。在搬运树木、石头、沙砾时使用。绳网通过起重机吊起后成袋状。图中利用长方形绳网吊起树木。

●绳网的组合

在绳网上铺上麻布，可装运沙砾碎石等材料。绳网形状大小可按使用需要改变。

●布袋

起重机搬运沙土时使用的工具。

●布袋的使用

起重机吊起被包裹的重物。

●吨袋

容积约 1m^3 以麻布或混合材料制作的袋子。1m^3 水约 1 吨，以此命名。

●吨袋的使用

利用吨袋搬运白沙。

●吊带

主要用于树木，石雕美术品搬运时使用。吊带材料以尼龙为主，不容易损坏刮伤被吊物。

●内置铁缆吊带

铁缆外部包裹上麻布。以防止损坏刮伤被吊物。

●吊带的使用

在树干上套上吊带，固定后吊起树木。

●内置铁缆吊带的使用

通过内置铁缆吊带吊起石雕美术品。在狭窄空间作业时，重物起吊后可能被碰，所以需要一根拖绳控制石雕位置。

●三叉

利用三根木材，上端扎紧，下端叉开使其自立。在上端扎紧处挂上链轮便可使用。多用于屋顶、室内、中庭起重机难以进入的地方，是非常便捷且实用的起重工具。

●夹钳

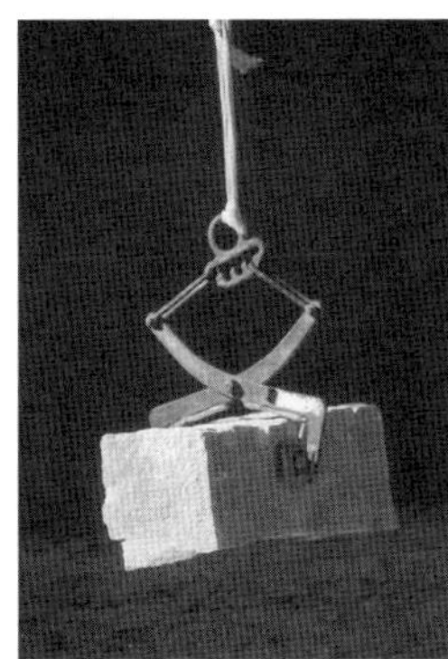

在起重整块石材时使用的工具。款式较多，有专为混凝土、钢偺材料等定做的样式。

5 搬运

以下介绍施工现场内短距离搬运使用的工具。在施工现场起重机难以进入处，材料的搬运则需要人力搬运工具。

●独轮车

图中独轮车的铁筐较浅，适合搬运较大石材等立体物。

●独轮车的使用

搬运沙砾、泥土、水泥等时需要铁筐较深的独轮车。

●抬棒

在推车等搬运工具都不能使用的情况下，利用人力搬运重物。

●抬棒用缆绳

根据抬棒的使用，选择粗细材质适合的缆绳

●推车

四轮推车。适合比较平整的地面上使用。

●推车的调节

调节推车前后轮的距离，便于搬运较长物体。

●推车的使用

推车在搬运时，前后两人按住物体使其平稳。

●利用木棍、木板、木条搬运

在推车难以使用地面高低不平的地方，通过木棍、木板、木条制作简易轨道来搬运物体。一般情况下可搬运500kg物体。如遇到坑洼地时可使用锹棒维护物体前行方向。此搬运方法在下坡时危险性较大，需谨慎推行。

6 重机械

使用重型机器时，施工内容需严谨调查，对应施工作业，选择适当大小，规格的机器。在造园施工中，工序致密的作业有很多，“大兼小用”一台大机器能到处使用的做法是不对的。而且，为保证施工准确性，施工时机器需要熟练的工作人员操作。

●迷你起重机

因是小型起重机，其负荷重量也有局限。适用于狭窄空间里作业。由于起重机支开后形态像螃蟹，故称为螃蟹起重机。

●移动式起重机（履带型）

起重大型重物，臂架距离较长，有汽车式、轮式、履带式。（图中为450t样式）

●移动式起重机（轮式）

前后轮的角度都可以调节的情况下，更利于重物小角度移动。（图中为25t样式）

●卡车起重机

在卡车前方配置起重机。搬运材料的同时即可置放。（图中为4t卡车2.9t起重机）

●卡车起重机的使用

从卡车车背吊起重物，直接置放于指定处。

●拖铲挖土机

挖掘泥土的重机器。水中或泥洼地等不利地形中也可挖掘使用。有时臂架还可以用来起重物体。

●拖铲挖土机的使用

拖铲挖土机挖土时处于较低的位置。旋转移动需注意周围人和障碍物。

●迷你履带式倾卸车

适用于场地狭窄地势不平地区运输。也有携带起重机的款式。

●搅拌机卡车

用于搬运水泥的搅拌车。根据运输量的不同，选用适当大小规格。

●压土机①

利用机器的震动，夯实推土铺装路面的工具。

●压土机②

7 整体施工工具

这里介绍的是施工整体所需要的工具，这些工具在施工过程中被频繁使用。

●木棒

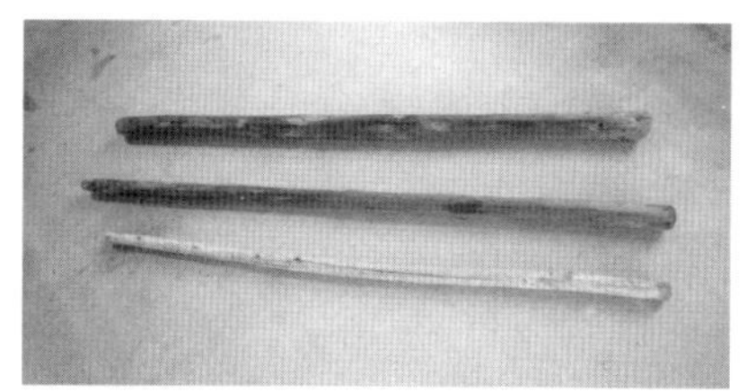

在摆放石头及石雕美术品或栽植树木时常用的工具。

●木棒的使用（石施工）

摆放石头时，用木棒戳石下泥土使起紧实。如若石下泥土不够紧实，石头摆放好后容易出现位置高低变化。

●木棒的使用（栽植施工）

与石施工相同用法，用木棒紧实树根部泥土。

●水平仪

确认水平的工具。

●水平仪的使用

利用水平仪器确认水平后，置放石造美术品。

●棕榈绳

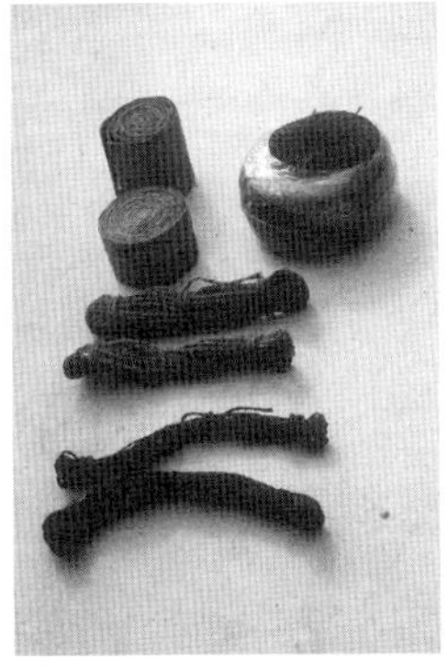

棕榈的纤维揉成绳子，捆绑竹篱笆等时所用的工具。

●绳子

绳子在施工过程中是必不可少的工具，根据施工作业的不同，选用长短粗细相符的绳子。

●指示用线

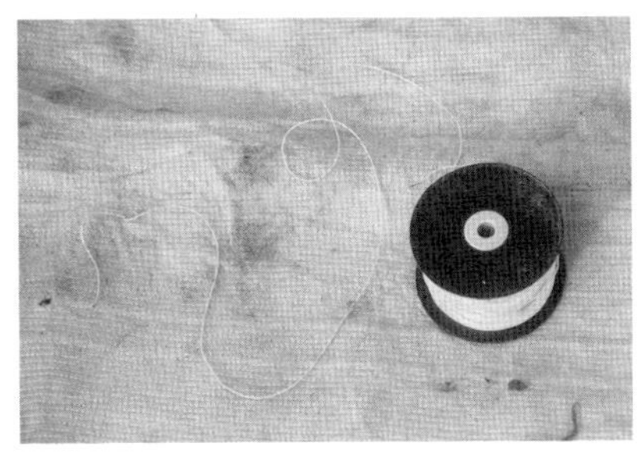

指示用线以尼龙制成，在竹篱笆的制作及踏脚石摆放时常用来做参考工具。

●铅垂线

确认柱子垂直，檐溜位置等垂直参考工具。

●卷尺

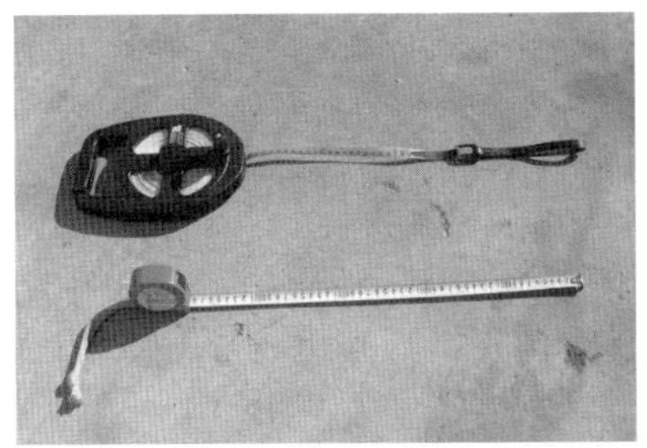

携带方便，测量距离常见工具。

●竹串

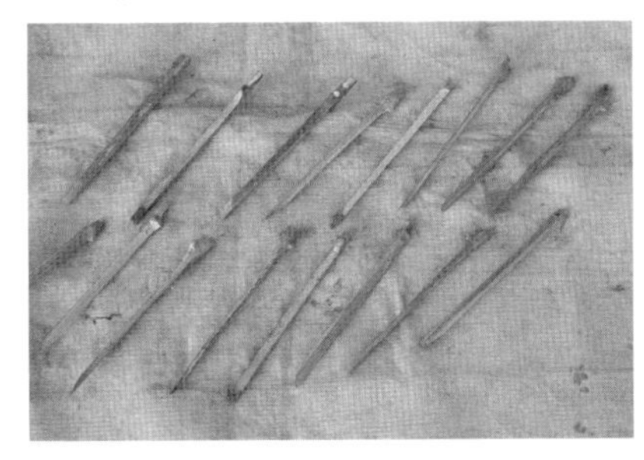

长约20cm竹串，在种植草地时固定草皮的工具。也用于标示用。

●电钻

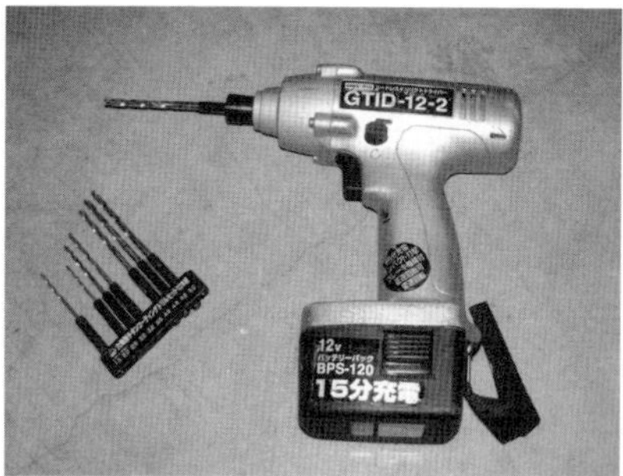

用于木材、竹材上钻洞的工具。有充电型与插座型。

●电钻的使用

因木材、竹材都有曲面，钻洞时握紧机身，防止打滑。

●延长电缆线

便于较长距离电源的连接。使用时需注意不要接触水以防止漏电。

●石灰

用于地形位置的标示使用。

●标示推车

施工用地内标示用推车。

●方木条

长宽各约 10cm 的方木条。用于石头搬运、重物搬运时垫放的工具。也有用作缓冲工具。

●方木条的使用

在置放石头时，为使其稳定，石下用木条垫平。图中用梯形与方形木块使石头稳定。

●木马

可以轻易搬运的木制靠台。在栽植作业时作为树木依靠的工具。

●木马的使用

在运输树木时，用木马支撑树木主干，防止树木枝叶折断。为保证行驶过程安全，注意捆绑牢固。

●工作鞋（日本特有）

在日本造园施工中施工人员所穿的工作鞋。工作鞋轻便脚掌感知度高，在攀爬作业时尤为好用。是造园施工中的必需品。

8 支柱

以下是关于树木支柱的工具介绍。

●掘土双铲

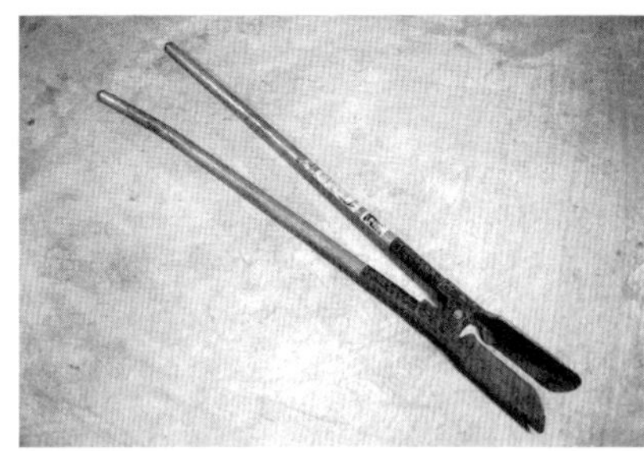

固定支柱、竹篱笆柱时挖洞的工具。

●掘土双铲的使用

双铲插入泥土后，双手用力把泥土夹出。

●冲掘头

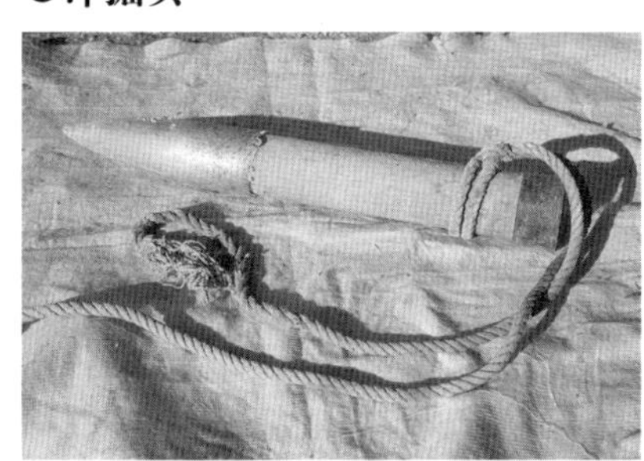

在支柱、木桩插入地面前，先用冲掘头打洞。根据使用支柱、木桩的粗细大小，选用相符的冲掘头。

●大铁锤

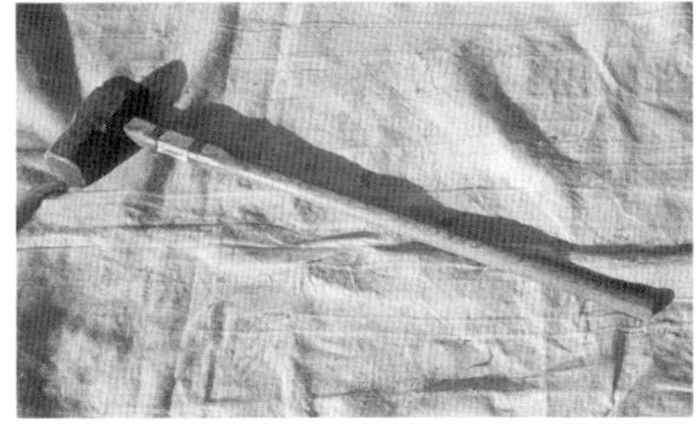

用来捶击冲掘头使其钻入泥土。

●大木锤

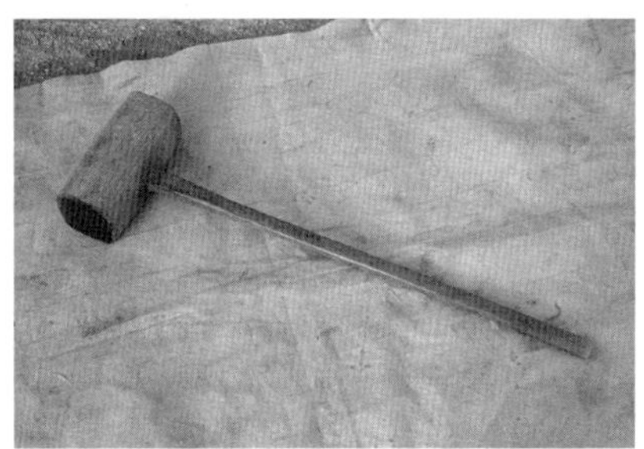

用来捶击木桩使其钻入泥土。

第8章

维修案例

维修案例

新渡户庭园维修

所在地： 不列颠哥伦比亚大学内（加拿大温哥华）
竣工： 1993 年
面积： 8900m^2
维修企划／监理者： 枡野俊明+日本造园设计

概要：此项目是活跃在国际舞台上并取得卓越成就的教育家、学者、政治评论家户稻造博士在他乡（温哥华）过世后，1960年为纪念他所建造的庭园的大规模维修改造。庭园原本是由日本造园师森欢之助所建造。但庭园开园以后，没有得到良好的维护，建造时的设计意图渐渐消失。特别是在1974年一次水池修补时，驳岸的石组有些被混凝土掩盖，有些被舍弃，导致不能恢复原来状态。在维修企划时，试想如果是森氏（已故）他现在会怎样思考、希望庭园得到如何的修改等等，在仔细的调研基础进行了这次维修企划。此次维修中，除护岸的石组、沙洲、中岛的复原以外，为减少庭园内车辆噪声设置了筑地墙、主要入口处的庭园石子路、维修茶室的同时制作了茶庭、新设了日式门等。

作庭当时（1960 年） 背景的乔木非常高大，而新植的树木非常的小，是接近苗木的状态。桥所在位置保存至今，流露出当年的风貌。

修改的过程

寻找森欢之助对此庭园设计的意图

分析现存庭园，对于森氏当初如何构思设计、施工监理做以推测。同时寻找居住在庭园附近的居民及庭园施工维修的相关人员，从他们那里得到相关信息及当时建造庭园时的照片资料。

另外，作为参考资料，在日本国内寻访了森氏的学生小形研三氏。

在庭园的观察中，推测了森氏未能实现最初的作庭计划。我们发现在用于池驳岸石组的石头并不适合。其理由是，石驳岸是由300~700mm的石头堆积而成，而现场大小形状理想的石头却未能找到，是勉强的堆积而成。并且从当时与森氏共同工作有关人员的书信中得知，森氏当时对池驳岸的建造并不满意。这是因为当时运输不便，石材的选择局限与此项目施工经费少的缘故。至此，我们通过各项考证，推断了森氏庭园设计的概念。在空间构成、景观制作、栽植计划、庭园全体氛围等方面，对于森氏的意图也有了一定的了解。

作庭当时（1960年） 池塘驳岸所用的石组比较小，分层堆砌。

寻找现状问题点

围绕本庭园至今为止的多处问题，给以整理摘要。举出问题所在处及如何正确处理。

①池驳岸混凝土的暴露在外

改修前（1991 年）的土桥旁边的池驳岸　池子在 1974 年漏水时，用混凝土糊在驳岸石组周围，以修补漏水。这使得驳岸的石头大部分埋入混凝土中。池子大小也比当年庭园竣工时小了一圈。

改修前 (1991 年) 池驳岸　混凝土驳岸在周围种植的草本植物下看上去比较和谐，但在近处观看可以发现，池子驳岸前端有明显的混凝土部分。

②栽植树木的生长及修剪维护不足导致设计意图不明确

改修前（1991 年） 由于植物生长，使得庭园构成不明确。

③外围灌木篱笆枯萎衰退，打破了宁静的庭园气氛

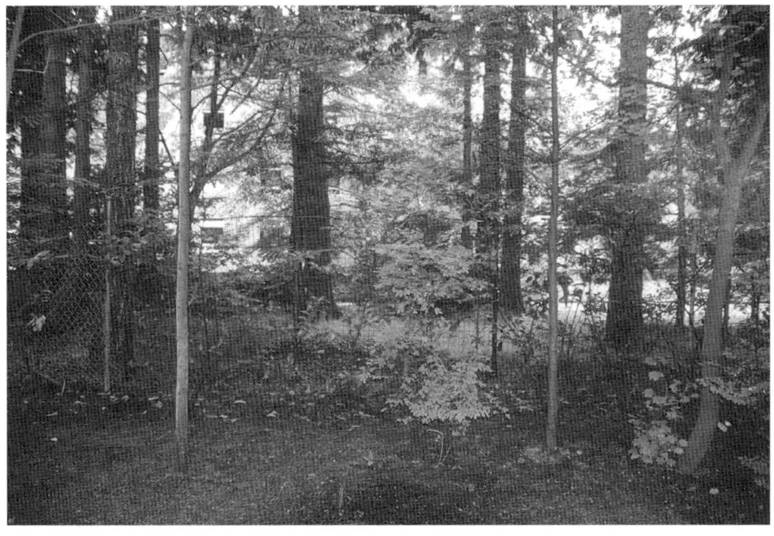

改修前（1991 年） 用地外围灌木篱笆由于周围种植的高大树木导致日照不足，难以生长。此外，用地边界由金属栅栏围绕。

问题的对策

① 关于池驳岸的暴露在外

在池子混凝土的内侧制作支架，支架上放置驳岸石组，这样可以维护当时池子外形轮廓的样子。作庭当初驳岸石组围绕整个池子一周放置。但多年后人们已经习惯且亲近于植物、土壤都非常接近于水面，1974年庭园修补以后的样子。所以以上两种驳岸手法都需要被考虑。

由于1974年的修补，池子缩小了一圈，此次的改修也会同样缩小池子面积。为了尽可能地确保池水面积，池子水位提高了50mm，并且驳岸石组少数露出水面，让观看者从视觉上感受到水池的充盈。池子西侧驳岸设计了沙砾河岸，使得池子看上去更开阔。

② 关于栽植树木的过盛生长及修剪护理不足导致庭院设计意图不明确

加拿大西海岸气候比较温暖，年间降雨量比较多，树木生长比起日本要快很多。在这种条件下，庭园建造当时种植的乔木树苗生长到了15m左右，使得下方日照不足的一些植物在设计意图上失去了原本的作用。至此，为了体现设计意图及日本庭院特征，使树木、木、被等都能健全地生长进行了整体庭园的修剪维护。

③ 关于外围灌木篱笆枯萎衰退，打破了宁静的庭园气氛

由于灌木篱笆的生长状态不佳及周边噪声破坏了庭园的宁静。考虑到持久性，灌木篱笆改为日式土墙，既缓和了噪音又提高了用地日本庭园的存在感。

改修前（1991 年） 的庭园大门。这里由志愿者常驻，进行入园管理。

改修施工

池子的清理 抽干池水，池内原有鲤鱼转至他处饲养。清扫池底沉积物并检查是否有地方漏水。有些没有彻底埋入池底混凝土的石头全部取出处理。

石头的选定 石头的采取最终的选定地点是威士拿国家公园。理由是根据当时记载这里是森氏选石材的地方。因为此次改修使用的石材必须与现存石材气韵一致，不然会出现不协调的气氛。当地有句俚语（apple to apple, orange to orange）苹果旁边是苹果，不会出现橘子。这次改修采取的石头纹理颜色等几乎与现存石头没有区别，石头种类新旧都是花岗岩。

现场施工者制作池驳岸地基。驳岸在原有地基内侧制作，故池子面积比起最初面积小了两圈。

着手制作池子地基的框架。

池子地基混凝土注入完成。

因在已建庭园内施工，大型起重机不能开入园内，只能停在园区外围把石头吊入园内。园内则使用 3t 的小型起重机。（有时海外没有小型起重机，这种情况由日本运送至现场。）

调整大小石块制作驳岸石组。左为设计者（本书作者），右为日本施工者（植藤造园，佐野晋一氏）。

池驳岸完成。因为改修前庭园驳岸没有大石，这次改修中大石以少数点置放形式摆放。

石组　先决定几处摆放大石，之后以小石添加调整。

当地工人参加施工　因考虑到庭园竣工后管理维护，让当地施工人员（右）一起参加施工熟悉制作过程。（左为日本方的施工人员，中间是设计者）

当地工人参加施工　在这次改修中，应新渡户庭园委员会邀请，由加拿大众多协会团体代表及相关人员参加此项目施工制作。在设计者的指导下，每一块石头的摆放都由代表及相关人员亲力亲为，这样便加深了庭园与当地人们的感情。在海外制作日本庭园时，国际交流、文化交流是必不可少的。

雪中石组制作 在施工过程中，遇上了加拿大冬季天气寒冷的问题。温哥华当时气温是−9℃，给施工带来了很大的麻烦。利用燃烧器械，溶解掉石头下的结冰后再可进行施工。

筑地墙施工 指导当地施工人员制作筑地墙腰石。避免出现“八围”、“四接缝”、“直通接缝”（参照158页）

石头灯笼修复 在改修过程中，修复了原有的石灯笼。

○ 植栽

松树的搬运　新渡户庭园由 UBC 植物园管理，庭园用树木都由 UBC 植物园提供。其次主要植栽使用原有庭园内树木，新树木引进较少。

栽植在岛上的松树　作为重要景观树，在设计者（右）的指导下，慎重地摆放位置。

枫树的植栽　在调整树的栽植位置和方向的同时，用木棒固定土壤。

周边树木修剪　周边树木生长过于茂密，为了使庭院内植物能得到较好的光线，采取周边高大乔木下枝修剪。（照片是修剪前的样子）

原有树木修剪　庭园用地内原有中低树木（5m左右）进行了全部的修剪。此作业在雨天石组施工不能进行的时候进行。

○ 其他

日本庭园在海外非常受到关注，当地农学部来到施工现场审查调研，还有许多建筑家和日本文化研究人员前来探访。设计者一一讲解施工概况。因为此次改修项目受到了多方面的关注，在施工前后开展了很多演讲活动。在新渡户庭园改修项目竣工后，举行了关于日本庭园的研讨会。

持续八个月（设计者一个月中15天以上在加拿大度过）的施工，非常感谢当地各部门的协助与支持。

改修后

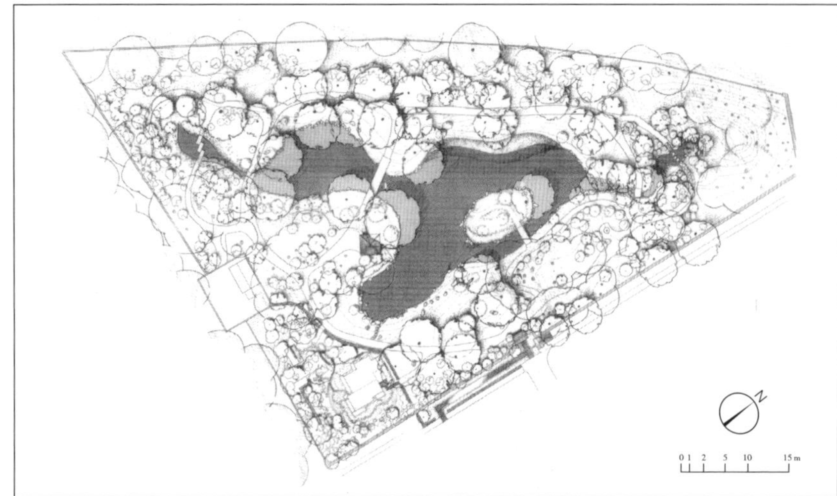

平面图 为了最大程度地降低成本，当地建筑景观系学生参与庭园现状测量。并且图纸也由学生绘制。改修方案设计者（本书作者）拿到资料后开始设计、施工。在此期间有许多对日本庭园有兴趣的学生成为志愿者，协助施工。

新设计的门 门前左侧放有刻有庭园名的铭石。

新制作的筑地墙 铺地两边种植了苔藓。

沙洲 庭园改修新制作的景观之一。因改修后水池面积缩小，为让水池看上去充溢开阔，使用了此庭园表现手法。

水池 为了使得水面看上去开阔，水位线提高了5cm，并且降低了驳岸石组的高度配合周围添加雅趣的自然小景石构成了水池景区。

瀑布 利用原有瀑布遗留石组，在不改变瀑布流向的前提下，周围加以新石组及植物营造自然气氛。

改修后的小岛 原有小岛因植物多年维护修剪不足，导致植物生长过盛，使小岛看上去与池岸连接在了一起。改修后，除去过盛生长的植物，种植了松、枫树、爬地柏、苔藓。

改修前后的比较

改修前护岸 初看是草坪驳岸，石头埋入水泥后上面覆盖植草。

改修后护岸 清晰看清石组姿态，营造潇洒气氛。

改修前中岛 树木生长过盛岛与对岸连成一片。

改修后中岛 整修岛上植物，分割岛与对岸空间，使得水池空间看上去更为开阔。

第9章

现代庭园

现代庭园

1 商业设施庭园

今治国际酒店：瀑松庭

所在地： 爱媛县今治市旭町 2-3-4
竣工： 1996 年
面积： 1166m²
设计 / 监理： 枡野俊明 + 日本造园设计

从酒店大堂内看到的风景

摄影：Tabata Minao

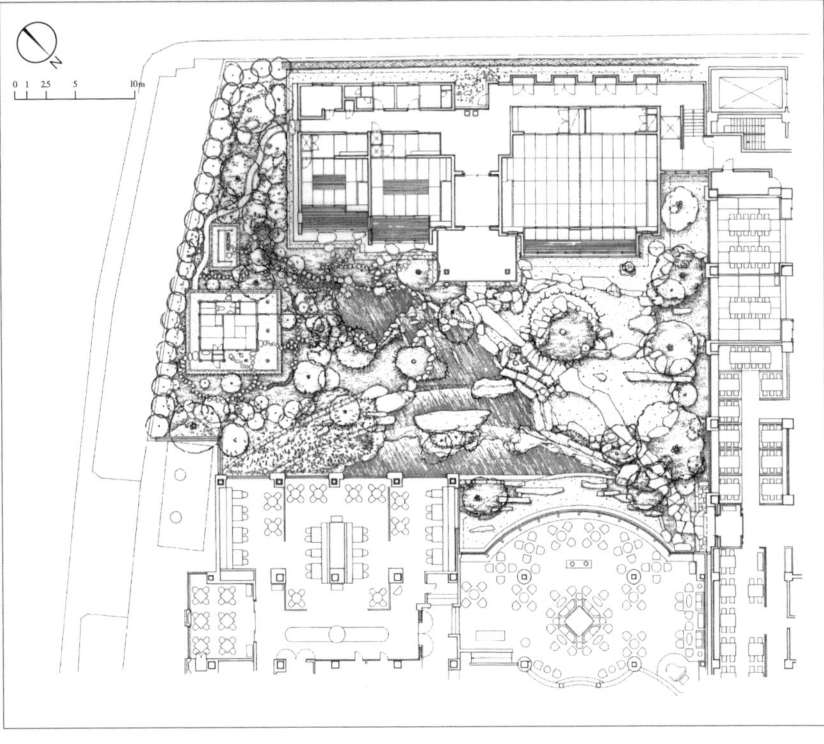

平面图

概要：这个庭园是由池泉、溪流、瀑布等水景及利用白沙象征的山水（枯山水）与茶室为中心的露地所组成的日本庭园。庭园的设计是借于濑户内海的景色特点，以浮出海面强而有力的花岗岩群岛，与在此生长的黑松作为主题。庭园内的黑松与瀑布建构了“静”与“动”的关系，在庭园构成上相辅相成哪一方都不可欠缺。所谓万物的由一而形成，“静”与“动”的关系维护了不二的平衡。这重要的精神思想，无需语言传达，通过此庭园告诉了当今生活的我们。就犹如这黑松，安静地置于此处，平日的烦恼忧愁等随瀑布流去，身心得到清净。黑松与瀑布作为庭园的主题，故此庭园命名为“瀑松庭”。

通向和风别馆的园路。　　摄影：Tabata Minao

表现“静”的黑松与表现“动”的瀑布

摄影：Tabata Minao

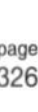

茶室与露地　　摄影：Tabata Minao

表现濑户内海浮出的群岛的枯山水石组。　　摄影：Tabata Minao

夜景，通向和风别馆的园路。　　摄影：Tabata Minao

麹町会馆庭园：青山绿水庭

所在地： 东京都千代田区平河町 2-4-3
竣工： 1998 年
面积： 508m² (一层 /272 m²，四层 / 露台 117 m²，中庭 119 m²)
设计 / 监理： 枡野俊明 + 日本造园设计

四层中庭。为了能协调景石与景观石背后建筑外壁，使用了光悦寺栅栏。 摄影：Tabata Minao

概要：这处设施是为了婚庆宴席住宿所设置的。庭园分布在一层一处，四层二处共计三处，其均在建筑物内窄小的人工地盘上建造。在这被限定的场所内，我试图营造出当人与庭园对峙时，能感受到自然的包容力，又能找到真实的自己与其对话的场所。对我来说这个庭园无论如何还是建立在日本传统美学与禅宗思想上的，在此基础上添加了现代主义的元素与设计理念。这三个庭园小空间我命名为《青山绿水庭》。一层庭园呈现出深山中绿树环绕的“寂静”。四层庭园象征化地表现了水的流淌，使观看者的脑海里联想到缓和的流水。至此营造出在繁华喧嚷的都市中一处寂静的空间。我希望这个庭园能让都市里的人们再次感受到忘却已久的闲心。

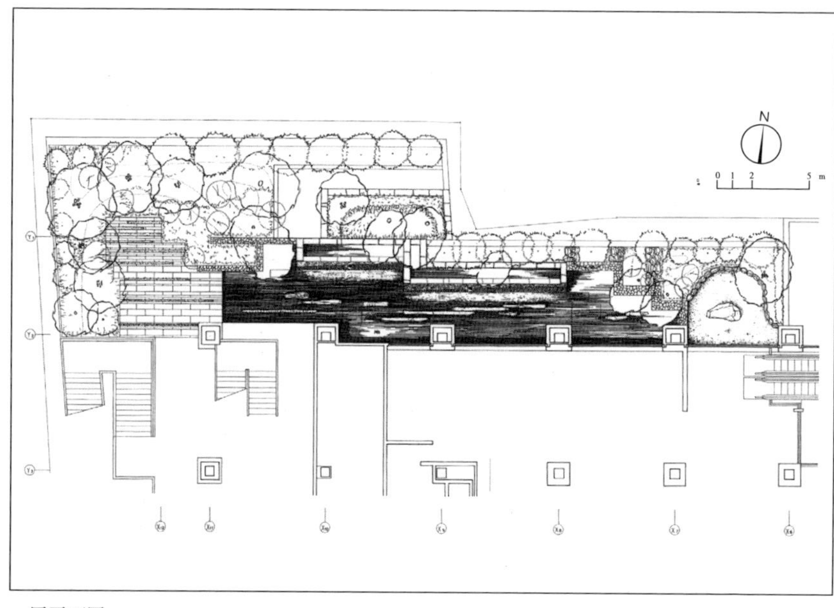

一层平面图

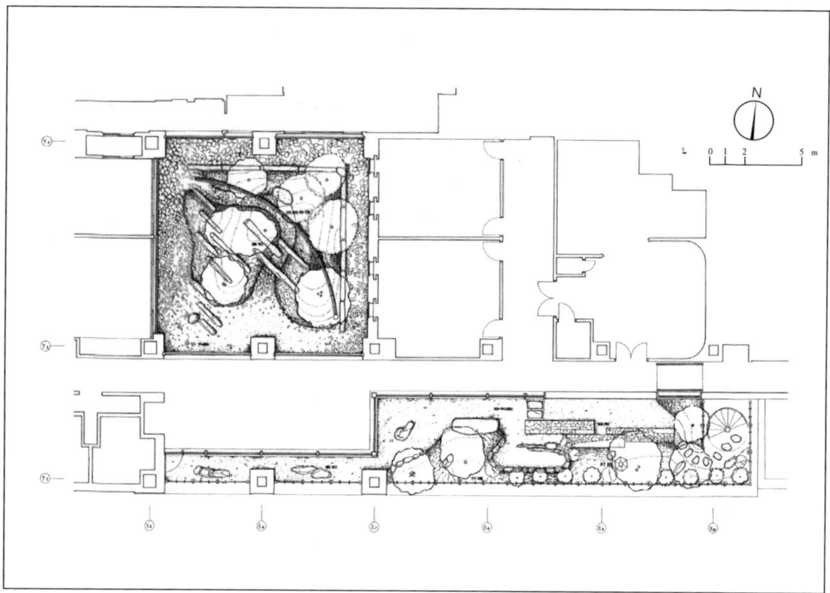

四层平面图

从上一层俯瞰四层的中庭。 摄影：Tabata Minao

从室内观看四层的中庭。与庭园协调的室内建材。 摄影：Tabata Minao

四层露台。制作了被栅栏包围的独立空间。 摄影：Tabata Minao

一层庭园，从内部咖啡厅观看到的景色。 摄影：Tabata Minao

一层庭园。瀑布与景石。　　摄影：Tabata Minao

一层庭园夜景，由于瀑布下设置了射灯，呈现出与白天不一样的风景。　　摄影：Tabata Minao

2 公共设施的庭园

京都府公馆

所在地： 京都府上京区乌丸通一条下
竣工： 1988 年
面积： 4473m^2
设计 / 监理： 枡野俊明 + 日本造园设计

大厅外部景色，景石低矮安置。　　摄影：广田治雄

概要： 这个设施是由迎宾馆的一部分“京都府公馆”与多功能“府民大厅”所构成。本庭园是为了迎接海内外宾客的接待室，为营造出接待气氛所设计。设施考虑到利用形态，根据电脑连动照明，试图企划夜间庭园景观形式的日本庭园。庭园使用瀑布、流水、池等所谓的传统构成要素，精炼设计的同时，体现了自然宽宏博大的印象。此外，庭园围绕此设施主题“友好与亲善”，营造了温厚圆满的环境。

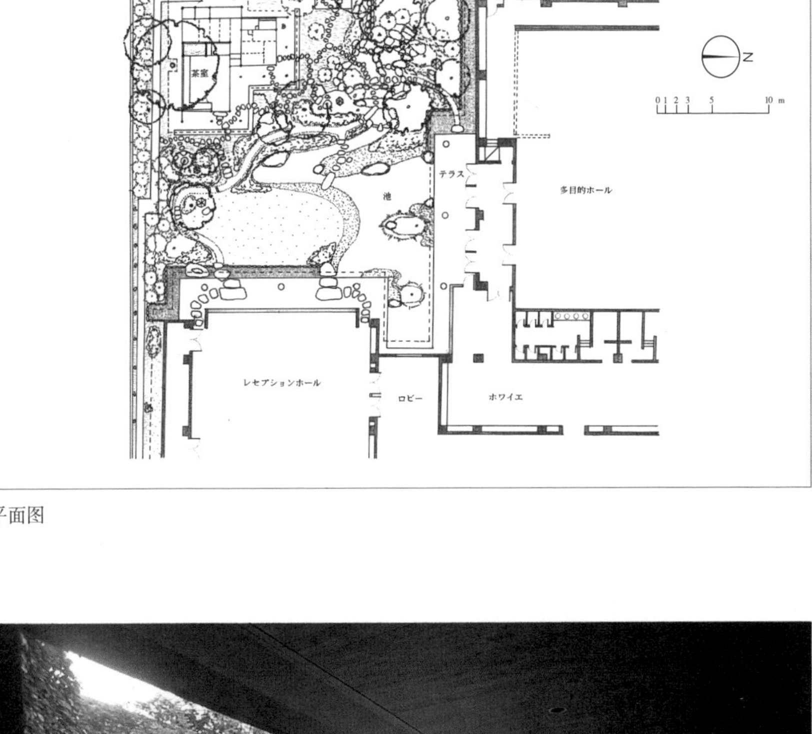

平面图

檐下风景，现代铺底与传统踏脚石结合。 摄影：广田治雄

接待室看到的风景　　摄影：广田治雄

窝身门前看到的入茶室等候处场景　　摄影：广田治雄

舒畅的草坪与水面，孕育了温厚的气氛。　　摄影：广田治雄

根据照明的变化，可营造出多种风情。　　摄影：广田治雄

独立行政法人　物质材料研究机构（旧金属材料科技研究所）广场：风磨白炼庭

所在地： 茨城县筑波市千现 1-2
竣工： 1993 年
面积： 3700m^2
设计 / 监理： 枡野俊明 + 日本造园设计

高层俯瞰广场。　　摄影：广田治雄

概要： 这个庭园是为当时作为旧科学技术厅所管金属研究机关的中庭而制作。金属材料研究是精密孤独的工作，与金属挖掘开采关系紧密。本庭园，把在这里相关人员的心理状态融入于设计之中，由金属联想到的“开采”、“光”、“溶解”，印象衍生出“金属与人的相遇”、“金属的利用”、“人与金属的共存”的表现。在这冰冷的被近代建筑所围拢的中庭（广场）空间里，向着建筑方向象征丘壑的自然群石、象征干燥大地的花岗岩铺底、象征远处草原的草坪与树木、洗手钵涌出的泉水及从此处留出的流水，这些带给了设施利用者心灵上的安慰。

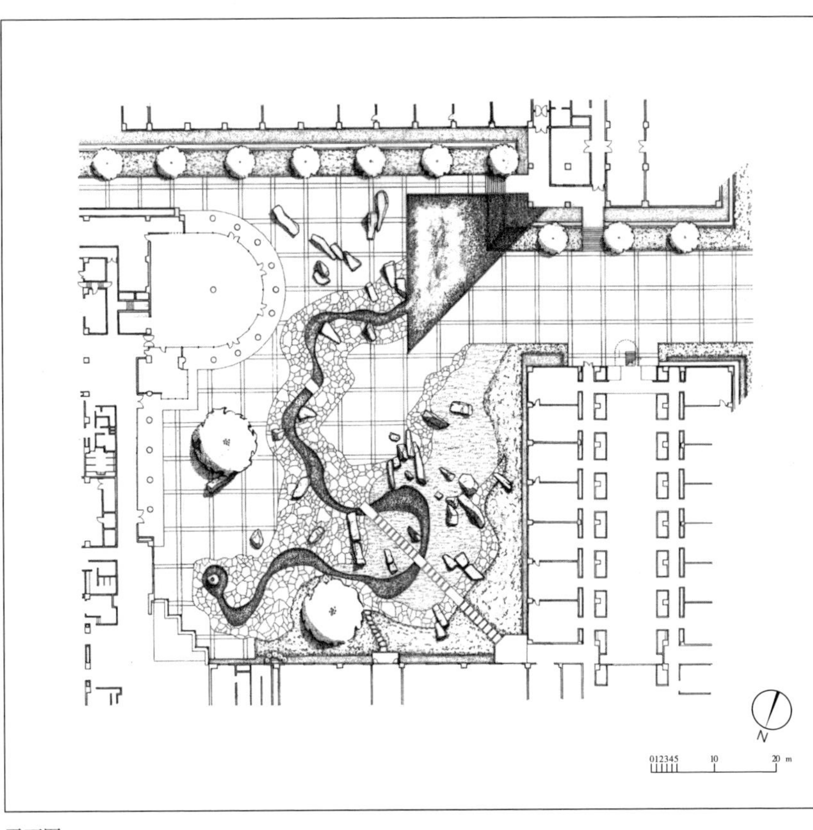

平面图

温润干燥的大地的喷雾　　摄影：广田治雄

雕琢加工的景石　　摄影：广田治雄

由入口大厅观看到的景色（左：洗手钵） 摄影：广田治雄

夜景 摄影：广田治雄

花岗岩自然面与部分加工面产生的对比。　　摄影：广田治雄

广场中央延伸的踏石　　摄影：广田治雄

3 民间设施的庭园

银鳞庄

所在地：神奈川县箱根町仙石原
竣工：1985 年
面积：4930m^2
设计 / 监理：枡野俊明 + 日本造园设计

概要：这个设施是箱根仙石原的一所企业为了迎接海内外顾客所建造。故根据使用人群及来访人群的需求进行了庭园的设计。在空间的营造上，为了让平日里繁忙工作的使用者解压，感受自然山野趣味成为设计主旨。此庭园的特征是利用用地地势高差制作了10 m的瀑布及春风拂过久留米杜鹃花成片绽放的场景。此外，周末庭园根据利用者的需求，夜晚采用不同的照明方式，使观赏者能体验到不同庭园的乐趣。

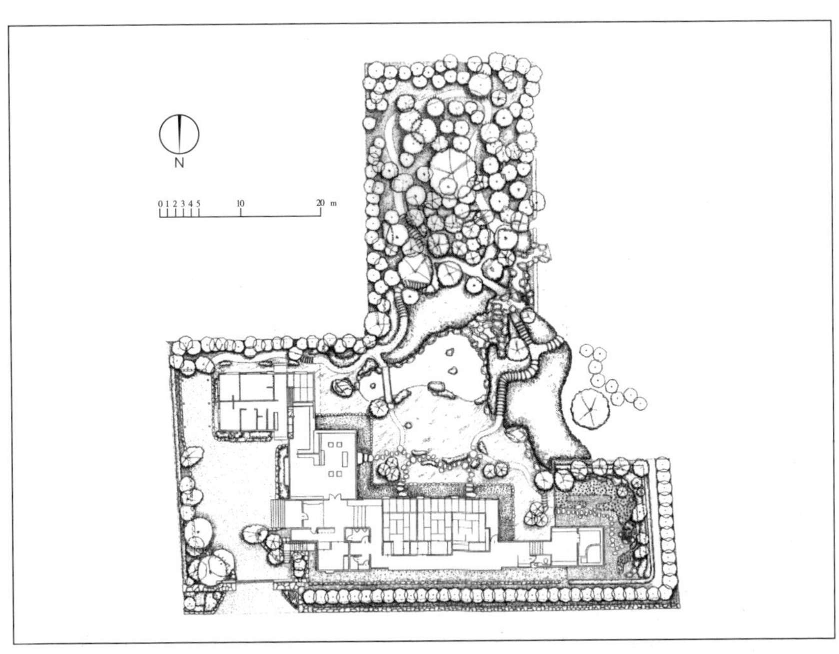

平面图

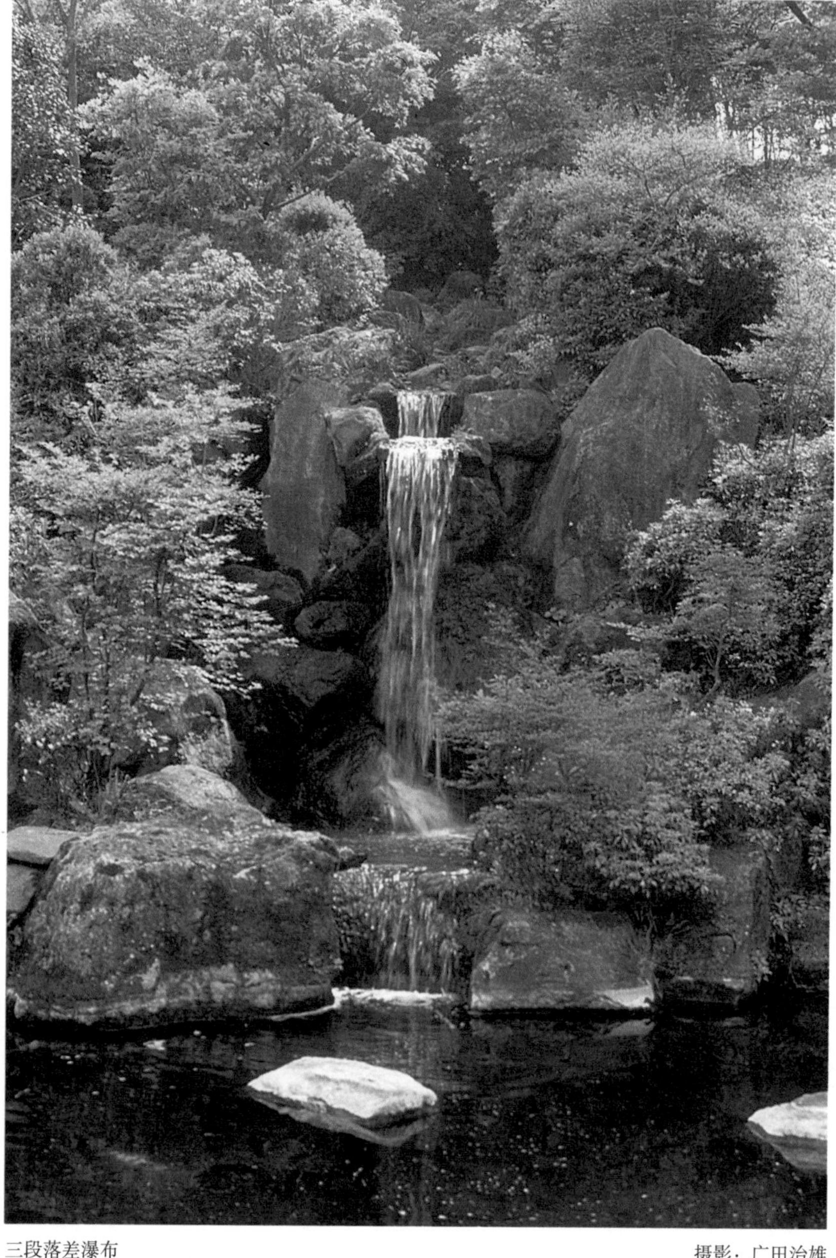

三段落差瀑布　　摄影：广田治雄

秋天庭园的全景。　　摄影：广田治雄

杜鹃花盛开的园路。　　摄影：广田治雄

在瀑布顶部俯瞰庭园及设施。　　摄影：广田治雄

浴室前庭园　　摄影：广田治雄

通向山顶的园路

摄影：广田治雄

夜景

摄影：广田治雄

祇园寺紫云台主庭：龙门庭

所在地： 茨城县水户市
竣工： 1999 年
面积： $128.5m^2$
设计 / 监理： 枡野俊明 + 日本造园设计

屋檐与地板边缘线构成的取景

摄影：Minao Tabata

概要： 此庭园是为紫云台禅寺的迎宾设施而建造。由茶室建筑上座看到的景象（一块大而竖立的石头）是表现本寺当年开山祖师东皋心越禅师给弟子们说法的情景。禅文化中，有一个来自中国龙门瀑布的故事，跃过瀑布的鲤鱼将化成神龙。这个故事在日本枯山水石组中得到了抽象化的表现。在本庭园低矮的假山顶部制作了枯山水石组，本庭的名字“龙门瀑布”由此得来。此外，自然排列的景石群，苔藓与白沙的对比，营造出了寂静的空间，使观看者能体验到当年禅师说教的氛围。在此处，清净无杂念的心与庭园空间的对峙，时而妄想世界，时而无相未来。

景石与石桥。　　摄影：Minao Tabata

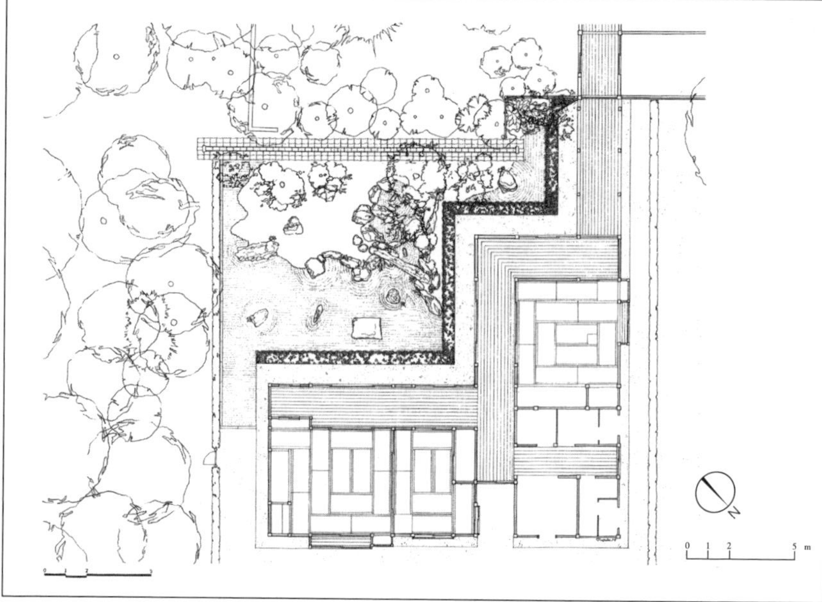

平面图

庭园全景。

摄影：Minao Tabata

象征东皋心越禅师说法的景石
摄影：Minao Tabata

紧密排列的景石
摄影：Minao Tabata

庭园的主题“龙门瀑布”的枯山水石组。表现鲤鱼跃龙门的场景。 摄影：Minao Tabata

景石的配置给予了庭园寂静严肃禅宗说教的氛围。 摄影：Minao Tabata

主要参考文献

『庭木の剪定コツとタブー』日本造園組合連合会 著（1996年・講談社）

『庭木の剪定と整姿小百科』日本造園組合連合会 著（1990年・日本文芸社）

『庭木の手入れ小百科』采田勲 著（1994年・日本文芸社）

『作庭の事典』清家清・工藤昌伸 監修（1979年・講談社）

『造園技術ハンドブック』浅野二郎・石川格 編（1997年・誠文堂新光社第）

『造園施工・管理』文部省 著（1996年・東京電機大学出版局）

『庭園倶楽部–日本庭園の「ありやう」を求めて』稲次敏郎 著（1995年・イッシプレス）

『庭つくり』斎藤勝雄 著（1970年・技報堂）

『図解作庭記』斎藤勝雄 著（1969年・技報堂）

『斎藤勝雄作庭技法集成』第三巻、第五巻　斎藤勝雄 著（1977年・河出書房新社）

『庭園入門講座』第三巻、第四巻、第六巻　上原敬二 著（1971～72年・加島書店）

『名園を歩く』第1～8巻　斎藤忠一 解説　大橋治三 写真（1990年・毎日新聞社）

『ヴィジュアル　日本庭園鑑賞事典』大橋治三・斎藤忠一 著（1993年・東京堂出版）

『造園道具用語集』（2002年・京都造園共同組合）

『復刻版　日本庭園史大系』CD-ROM版　重森三玲・重森完途 著　大橋治三 撮影（1998年・社会思想社）

『庭と空間構成の伝統』縮刷版　堀口捨己 著（1987年・鹿島出版会）

资料协助

佐野晋一

西村金造

西村大造

照片提供

Tabata Minao（田畑みなお）

广田治雄

文中部分术语解读（以出现的顺序排列）

蔀　戸：格棂上悬窗，用于寝殿式建筑。板门两面或一面有方格，多由上下两块构成。

舞良户：日本式建筑中的一种拉门（窗），在窗框中间镶板（棉板），在板上装水平格德窗棂子。

伽　蓝：梵文音译“僧加蓝摩”的略语，音译为僧园、精舍，僧人居住修行的场所。

柿　葺：由2mm厚度的木板制作的屋顶。

大广间：宽敞的客厅。

黑书院：黑漆书院，日本江户时代城内御殿的一种建筑样式，用黑漆把室内的框子都涂成黑色的书院。

雨　户：木板套窗，边上有槽，能够完全收纳多窗。

手水钵：洗手钵，盛洗手水的钵。

枭之手水钵：猫头鹰洗手钵。

八窗之席：茶室的名称。

又　隐：房间的名称。

榻榻米：一贴约为1.62m^2。

雌雄瀑布：瀑布的规模大小不一样时，大的为雄瀑布，小的是雌瀑布。

露　地：日本茶道草庵式茶室的庭院。

数寄屋：日本传统建筑样式的一种。是取茶室风格的意匠与书院式住宅加以融合的产物，常用“数寄”（糊半透明纸的木方格推拉门）分割空间。

枝折户：使用竹子，木条等制作出的栅栏门。

蹲　踞：日本茶室前院等处放置的石制洗水用道具，常在其上摆放小竹勺和提供水源的竹制水渠。

中潜门：在茶室庭园里，外院与内院之间的屈伸进出门。

砂雪隐：砂地厕所，多用于小便。

下腹雪隐：下腹厕所，多用于大便。

寄　附：边间。

悬挂箦户：茶室庭园内使用的支撑门。

内露地：内茶室庭院。

外露地：外茶室庭院。

桂笹垣：桂竹篱笆。

桂穗垣：桂穗篱笆。

一本引雨户：边上有槽，能够完全收纳的移窗。

库　里：寺院中主持及其家人居住的地方。

舟　着：船岸。

表　门：外门。

西　浜：西沙洲。

遣　水：曲水。

真　木：主要的景观木。

见　越：作为衬托的背景。

茅　葺：茅草制作的屋顶。

桧皮葺：桧木皮制作的屋顶。

铜板葺：铜板制作的屋顶。

切　戾：增枝修剪。

枝　透：枝透修剪。

切　替：造形修剪。

胴　缘：横杆。

立　子：竖杆。

枡野俊明自述

作为禅僧，我遵循在禅的精神基础上长年创作。我把自己与空间置换，这时的表现是精神的升华，它不仅仅是追求造型美，而且，被称为“石立僧”的禅僧们是把庭园作为“自我表现”的场所，并把作庭的过程视为每日修行的一部分。我自身也是把作品创作作为修行，迄今为止不断一点一点地努力进取。“庭”在我的心中有着十分重要的位置。

对于很多人来说，“庭”视为观赏的对象、花草种植的娱乐场所，或者是家庭、伙伴聚会的场所。而对于我来言，这些都不是。曾经，出现了一位杰出的禅僧，经历旧时乱世，被授予国师称号，并擅长作庭，留下了许多著名的庭园。这位僧人的名字叫做：梦窗疎石。僧人疎石曾经说：山水没有“得”与“失”，得失在于人心。这就是说，作庭时，在制作技术之外，更要注重求道之心。对于我来说，也有着与疎石一样对作庭的要求。

我把生活中的“庭”比作“心灵表现”的场所。它可以分为两部分来解释。

其一是作为禅僧，迄今修行的一种自身心灵的表现，也就是自身表现。其二是作为由待客的主人立场而来的“心情表现。”日本室町时期，大德寺住持是一位叫做一休宗纯的禅僧。当时有很多优秀的文人墨士聚集在一休和尚身边，请求教导成为弟子。其中，有一位奠定了今日日本茶道基础的人物：村田珠光。珠光在禅僧修行的“自身表现”之外，加上了作为主人待客的心情，更深化了禅和茶道之间的关系。

我把这两种精神的表现总称为“心灵表现”。

说到禅，它是把一种无法看到的物体形象化，用某种形态与自己置换，从而表现的心理状态。即上述的“自身表现”。这种方法包括绘画、书法、作庭等各种样式，但想表现的东西并不经常改变。因此对于禅者来说“自身表现”的手法不是问题，选择自己擅长的就可以。我把自己在设计庭园、现场指导或瞻仰古庭园时，皆看作修行。禅语中有“毒蛇饮水变成毒，母牛饮水变成奶”。换言之，庭是变“毒”，或是成“奶”，取决于我自身。庭园设计的过程有艰难的地方，也有有趣的一面。因此，我在造园设计时，我无法超越我自身的力量。我迄今的修行也只能创造出与修行同等的水平的庭园作品。庭园作品是另外一个的我，也可以说是我的心理写照。如果我自身思考一些贪婪的事，所作的庭园也是贪婪的。我自身的不成熟，也会导致作品的不成熟。我越来越明白这种感觉。另外，瞻仰先者建造的庭园时，当前的自己也只能领悟到当前的知识。经历多年再去瞻仰同一所庭园时，也必定有新的感激与感动。

对于我来言，无论是造园还是观赏庭园都是一种修行，并且还是道场。

翻译后记

2007年的春天，我在日本多摩美术大学的入学仪式上第一次见到了枡野俊明老师。僧人的服装形象，让人印象很深。老师担任我就读的环境设计系教授职位。此后，合掌、鞠躬，设计点评时多带有传统东方美学观点的一位僧人教授时常会出现在我们的校园及课堂上。

大学3年级那年，我参加了由枡野俊明老师带队的京都庭园调查。在一周内我们走访了20多个庭园，如此多的信息量及自己知识面的有限，当时我只能在感性层面上去欣赏日本庭园的美。此外，由于学校联系，除了勘察测量著名庭园以外，我们还有幸走访了一些不对外开放的茶室（如不审庵、今日庵等）。这些历经了几百年的茶室庭园，通过精心的维护管理，还在被京都的茶人们使用着。在这空间狭小的茶室内，窗外透进微弱的光，照在茶具及茶室主人的手上，茶室主人规范且又风雅的演示完传统茶道后，向客人递上一碗抹茶，日本文化传承如此强大的生命力给我留下了深刻的印象。此后，在枡野俊明老师的指导下我开始系统地学习日本庭园并有幸毕业后能留在枡野俊明老师的事务所工作至今。

造园事务所位于永禄三年（1560年）所创建的横滨市德雄山建功寺内，枡野老师是建功寺第十八代的主持，老师的生活起居都在这里。平日枡野老师除了事务所的工作外，还需打点寺院的各项事务。我在刚进事务所期间，寺院内的工作环境让我每天都充满好奇。到了午休时间，我就会在寺院里到处走走。记得一次我误入库里（正殿旁边主持居住的建筑），枡野老师正在午休，一番解释后，老师倒了杯凉茶给我，拉开门指着庭园对我说："你觉得日本庭园美在哪里？"见我多时不作答，老师便自语："你听到四周夏虫的美妙叫声了吗？日本庭园的美就是不需要把鸣叫的夏虫放进制作精美的虫笼里”。

进入事务所工作之后，我逐渐明白传统日本庭园的制作比想象中的更需花费时间与精力。每一个看似简单朴素的景观，都是经过精心酝酿的设计，却让人感受不到任何人工制造的痕迹。

一张设计图纸的完成，并不意味着工作的结束，相反是工作刚刚的开始。设计图纸中所画的树木、石头只是一个符号，而自然界中没有一棵树、一块石头是相同的。现场施工是日本庭园制作过程中最重要的一部分。从树木、石头等的取材到位置确定置放，这一切都需依靠造园经验丰富的施工团队与设计师的配合。只有在施工上做到精益求精态度，方能制造出所谓的日本庭园。

在日本历史上，日本庭园是权利阶层的文化产物，是僧人的清修之所，是茶客文人所说的壶中天地。就像禅僧梦窗疎石所说“山水没有得失，得失在于人心。”对于日本庭园，每个人都有着不同的理解，但无论是谁都能从中感受到精神上的充实。

有幸能翻译老师这本书是我在日本留学的最大收获之一。

最后，感谢枡野俊明老师对于本书翻译给予的支持与指导。也由衷感谢中国建筑工业出版社徐纺女士、刘文昕先生在本书出版与翻译过程中给予的帮助。

七月合作社　创办人　康恒

2013年12月

枡野俊明（ますの·しゅんみょう）

简历

1975　玉川大学农学科毕业。在校期间师从斋藤胜雄，毕业后成为斋藤胜雄的弟子。

1979　作为行脚僧在日本大本山总持寺修行。

1982　成立日本造园设计。

1985　曹洞宗德雄山建功寺副住持。

1987　受不列颠哥伦比亚大学聘请，作为特别教授举行集中讲义。（中曾根基金特别教授）87 年开始每年进行演讲。

1989　美国康乃尔大学，伦敦大学等演讲。

1990　哈佛大学 GSD 演讲。

1994　不列颠哥伦比亚大学特别功劳奖。

1995　根据新渡户纪念庭园修改 CSLA（Canadian Society Of Landscape Architects）『NATIONAL MERIT AWARD』受奖。

1997　日本造园学会奖受奖（设计作品部门），横滨文化奖（奖励奖）受奖。

1998　多摩美术大学环境设计学科，就任教授。

1999　艺术选奖文部大臣新人奖受奖（美术部门）。

2001　曹洞宗德雄山建功寺住持。

2003　外务大臣表彰受奖。

2005　『Gala Spa Award 2005 (Special prize)』德国；加拿大政府『Meritorious Service Medal』（加拿大总督表彰）受奖；不列颠哥伦比亚大学授予名誉博士。

2006　德意志联邦共和国授予功劳勋章、功劳十字骑士勋章。

2007　第 17 回 AACA(日本建筑美术工艺协会)奖（奖励奖）受奖。

2010　第 55 回神奈川县建筑竞赛 优秀奖（神奈川县建筑士事务所协会奖）受奖。

著作

『寺院空間の演出』（双樹舎）、『プロセスアーキテクチュア：枡野俊明のランドスケープ』（プロセスアーキテクチュア）、『日本庭園観照術』（ ベネッセコーポレーション）、『Ten Landscapes : Shunmyo Masuno』（アメリカ Rockport Publishers 社）

主要作品

加拿大驻日本东京大使馆，东京都立大学新校区，新潟县立近代美术馆，香川县立图书馆，加拿大国立文明博物馆日本庭园，三溪园鹤翔阁，翠风庄，涉谷 SERURIAN 塔庭园等。